The Influence of Narcissism in Children on Aggressive Behavior

儿童自恋人格对攻击行为的影响机制研究

高爽 ◎ 编著

版权所有　翻印必究

图书在版编目（CIP）数据

儿童自恋人格对攻击行为的影响机制研究/高爽编著. —广州：中山大学出版社，2023.6

ISBN 978 - 7 - 306 - 07810 - 0

Ⅰ. ①儿… Ⅱ. ①高… Ⅲ. ①儿童心理学—攻击行为—研究 Ⅳ. ①B844.1

中国国家版本馆 CIP 数据核字（2023）第 098283 号

出 版 人：	王天琪
策划编辑：	曾育林
责任编辑：	曾育林
封面设计：	林绵华
责任校对：	舒　思
责任技编：	靳晓虹
出版发行：	中山大学出版社
电　　话：	编辑部 020 - 84113349，84110776，84111997，84110779，84110283
	发行部 020 - 84111998，84111981，84111160
地　　址：	广州市新港西路 135 号
邮　　编：	510275　　传　真：020 - 84036565
网　　址：	http://www.zsup.com.cn　　E-mail: zdcbs@ mail.sysu.edu.cn
印 刷 者：	广东虎彩云印刷有限公司
规　　格：	787mm × 1092mm　1/16　10.875 印张　200 千字
版次印次：	2023 年 6 月第 1 版　2023 年 6 月第 1 次印刷
定　　价：	45.00 元

如发现本书因印装质量影响阅读，请与出版社发行部联系调换

序　　言

摊书细读，不难发现欧美国家的学者对自恋的研究已逾百年，其研究轨迹由自恋人格障碍的病理性探索转向自恋人格特质的非临床研究，由关注消极语境下的单维度问题转向多维度的结构功能性问题分析，由行为学范式扩展为心理学与神经学范式的层层挖掘。无疑，这些变化是"自我时代"或"自恋时代"来临的信号。

作为心理学研究工作者如何敏感地捕捉到这个"信号"，既是一个研究问题，也是"纸上得来终觉浅，绝知此事要躬行"的实践问题。

高爽是我的2015级博士研究生，她在博士论文选题时就聚焦了儿童自恋的问题。三年来，她潜心研究、四方求教、反复实验、多重考证，最终锚定"儿童自恋人格对攻击行为的影响机制研究"这一问题。

攻击行为是儿童生活世界中一个比较严重而复杂的问题，不仅给攻击者本身带来长期的负面影响，而且对个体的社会化和发展也产生重要的影响。过去，研究者主要关注低自尊与攻击行为的关联，而近年来自恋人格作为一个重要的心理特质，开始引起研究者们的关注。高爽选取8～10岁的儿童作为研究对象，其目的是探寻儿童早期自恋人格者是否有攻击行为，如果有，其机制是什么。

带着这个问题，高爽开展了系统递进式的研究，本书就是她三年博士研究的结晶。综观全书，有如下三个特点。

一是研究方法较为科学严谨。研究共包含一个预研究和五个正式研究，采用层层深入地通过操纵不同的情境和变量的多维度方法，全面地揭示了儿童自恋人格对攻击行为的影响机制。

二是聚焦童年中期的自恋儿童。该阶段是儿童自恋人格形成的关键时期，也是攻击行为出现的高发期。因此，高爽对儿童自恋人格与攻击行为之间的关系进行深入研究，对于揭示攻击行为形成的早期机制、制定干预策略具有重要的指导意义。

三是具有实践价值。高爽基于实证研究结果提出了一系列干预建议和策略，旨在帮助儿童树立积极的自我形象和发展健康的人际关系，从而减少攻击行为的发生。这些策略涵盖了家庭、学校和社区等多个层面，为我们在实际工作中有效地预防和减少儿童攻击行为提供了宝贵的参考和借鉴。

最后，我诚心诚意地推荐《儿童自恋人格对攻击行为的影响机制研究》这本书。它不仅在学术界具有重要的理论意义，而且对广大教育工作者、心理咨询师和家长具有实际的指导意义。通过深入研究儿童自恋与攻击行为之间的关系，我们将能更好地理解儿童的内心世界，为他们提供更合适的支持和帮助，促进他们的健康成长。

祝愿本书能够在心理学领域引起广泛的关注和讨论，并为我们深化对儿童自恋攻击行为的认识和干预提供有力的支持。

张向葵　教授
东北师范大学心理学院
2023 年 6 月 6 日

引　言

　　儿童社会性发展是当前心理学研究中的重要研究领域之一，攻击行为是儿童世界中普遍发生的一种不良行为，攻击不仅对攻击者自身的适应具有长期的消极影响，而且是个体社会化成败的重要指标（Timmermans, van Lier, & Koot, 2008）。其中，童年中期是儿童社会化发展的重要阶段，儿童在该阶段表现出的攻击行为虽然具有个体差异，但在其整个一生中都具有较高的稳定性，因此该时期的攻击行为也具有预测作用，对日后的攻击及犯罪等不良社会行为具有较强的预测性（Broidy et al., 2003; Thomaes, Stegge, & Olthof, 2007）。《儿童心理学手册》（*Handbook of Child Psychology*）第三版"攻击行为"一章强调攻击行为的导火索主要包括感知到的对自我的威胁或侮辱。在童年中期阶段，随着儿童认知能力的发展，攻击行为逐渐由主动性攻击转换到反应性攻击，攻击行为与儿童逐渐发展形成的自我观密不可分。一直以来，自我与攻击行为领域的研究都是发展心理学和社会心理学研究的热点。并且，研究焦点逐渐从低自尊导致的攻击行为，转移到自恋人格对攻击行为的影响。《社会心理学手册》（*Handbook of Social Psychology*）中的"攻击行为"一章曾提及自恋人格对攻击行为具有重要影响。一项针对自恋与攻击行为的元分析研究发现，年龄阶段对二者关系具有显著的调节作用，表现为相比于成人和大学生群体，在儿童和青少年群体上二者相关程度更高（Rasmussen, 2016）。随着研究的推进，研究者们对自恋群体的关注也从成人转移到儿童群体上，更为深入地探讨儿童自我观在社会化过程中对攻击行为的影响。

　　自我观（self-views）在心理和人际交往功能中起到重要的核心作用，自我观存在多种不同的形式，包括安全的和真实的自我观以及脆弱的和防御性的自我观，对应自尊和自恋这两种形式

I

（Brummelman, Thomaes, & Sedikides, 2016; Thomaes et al., 2008; 田录梅、张向葵, 2006）。目前, 很多研究者逐渐将关注的焦点转移到脆弱的和防御性的自我观中, 即自恋（Morf & Rhodewalt, 2001; Wallace & Baumeister, 2002）。追溯到个体早期自恋, 已有研究发现, 自恋在儿童和青少年时期即可测量与鉴别, 而个体早期自恋导致的适应不良是发展中亟待解决的重要问题, 包括羞耻感、敌意、同伴拒绝和攻击行为等适应不良问题都受个体早期自恋人格的影响（Barry & Malkin, 2010; Jezior, Mckenzie, & Lee, 2016; Rasmussen, 2016; Reijntjes, et al., 2016; Thomaes et al., 2008; Thomaes et al., 2008; Thomaes et al., 2011）。在 2017 年第 11 期美国发展心理学期刊 *Child Development* 中, 刊出关于 *Origins of Children's Self-views* 的特刊, 即"儿童自我观起源", 集结了该领域多位专家的最新研究结果, 强调了该领域目前在发展心理学中的重要性与前沿性。

近二十年来, 国外研究者们非常重视自恋与攻击行为领域的研究, 从关系研究到实证研究, 从不同影响因素进行探讨, 目前已有一些较为经典的发现。在自我观的宏观背景下, 探讨自恋的儿童在何种情境下更具攻击性, 深入探究其内在机制, 以期从根本上降低其攻击行为。童年期至青少年早期是成年前儿童自我观可塑的关键时期（Trzesniewski, Donnellan, & Robins, 2003）, 因此, 童年中期是可以通过改变儿童自我观来干预攻击行为的重要时期, 在心理干预方面有利于针对儿童或青少年早期的不良行为进行干预, 正确培养儿童对自恋、自尊等方面的认知。通过培养儿童真实的自我观, 帮助儿童表达合适的情感, 使个体在与别人发生冲突时能正确处理自我感受到的威胁等, 以减少个体在自恋人格形成过程中适应不良行为的产生, 促进个体的社会化发展。

目　　录

1 文献综述 ·· 1
　1.1　自恋人格 ·· 1
　　1.1.1　自恋人格的概念 ··· 1
　　1.1.2　自恋人格的测量方式 ·· 4
　　1.1.3　自恋人格的理论模型 ·· 5
　　1.1.4　自恋人格的形成机制 ·· 10
　　1.1.5　自恋人格的发展 ··· 13
　1.2　攻击行为 ·· 16
　　1.2.1　攻击行为的概念 ··· 16
　　1.2.2　攻击的测量方式 ··· 17
　　1.2.3　攻击行为的理论基础 ·· 18
　　1.2.4　攻击行为的发展 ··· 20
　1.3　自尊 ·· 21
　　1.3.1　自尊的概念 ·· 21
　　1.3.2　自尊的测量方式 ··· 21
　　1.3.3　自尊与自恋人格的区别和联系 ······························ 23
　　1.3.4　自恋人格与攻击行为：自尊的调节作用 ··············· 24
　　1.3.5　自我肯定——提升自尊的实验操纵 ······················ 25
　1.4　相关研究 ·· 26
　　1.4.1　自恋人格与攻击行为 ·· 26
　　1.4.2　威胁情境下自恋人格对攻击行为的影响 ··············· 28
　　1.4.3　自尊对自恋人格和攻击行为的作用 ······················ 28
　　1.4.4　自我肯定的缓冲作用 ·· 30

2 问题提出 ··· 31
　2.1　已有研究的不足 ··· 31
　2.2　拟研究的问题 ··· 35
　2.3　总体研究设计 ··· 37

2.4 研究的意义 ……………………………………………………… 40
　　2.4.1 理论意义 …………………………………………………… 40
　　2.4.2 实践意义 …………………………………………………… 40
2.5 创新性 …………………………………………………………… 41

3 预研究：童年中期儿童自我观分析描述及自恋量表适用性 ………… 42
　3.1 预研究 A 童年中期儿童自我观的描述 ……………………… 42
　　3.1.1 研究目的 …………………………………………………… 42
　　3.1.2 研究方法 …………………………………………………… 42
　　3.1.3 结果分析 …………………………………………………… 43
　3.2 预研究 B 儿童自恋量表的适用性 …………………………… 45
　　3.2.1 研究目的 …………………………………………………… 45
　　3.2.2 研究方法 …………………………………………………… 45
　　3.2.3 结果分析 …………………………………………………… 46
　3.3 讨论 …………………………………………………………… 50
　3.4 结论 …………………………………………………………… 51

4 研究一：儿童自恋人格与攻击行为的发展特点及关系研究 ………… 52
　4.1 研究目的与研究假设 …………………………………………… 52
　4.2 研究方法 ………………………………………………………… 53
　　4.2.1 被试 ………………………………………………………… 53
　　4.2.2 研究设计 …………………………………………………… 53
　　4.2.3 材料 ………………………………………………………… 53
　　4.2.4 统计方法 …………………………………………………… 55
　4.3 结果分析 ………………………………………………………… 55
　　4.3.1 不同年级和性别儿童自恋与攻击行为得分的
　　　　　描述统计 …………………………………………………… 55
　　4.3.2 相关分析 …………………………………………………… 56
　　4.3.3 自恋对攻击行为的预测作用 ……………………………… 57
　4.4 讨论 …………………………………………………………… 58
　4.5 结论 …………………………………………………………… 62

5 研究二：不同情境下自恋人格对攻击行为的影响 … 63
5.1 研究目的与研究假设 … 63
5.2 研究方法 … 63
5.2.1 被试 … 63
5.2.2 实验设计 … 64
5.2.3 实验材料 … 64
5.2.4 实验程序 … 65
5.2.5 统计方法 … 66
5.3 结果分析 … 67
5.3.1 实验操纵有效性检验 … 67
5.3.2 自恋水平与不同情境对攻击行为的影响 … 67
5.4 讨论 … 73
5.5 结论 … 74

6 研究三：高低地位威胁下自恋人格对攻击行为的影响 … 75
6.1 研究目的与研究假设 … 75
6.2 研究方法 … 75
6.2.1 被试 … 75
6.2.2 实验设计 … 76
6.2.3 实验材料 … 76
6.2.4 实验程序 … 76
6.2.5 统计方法 … 78
6.3 结果分析 … 79
6.3.1 实验操纵有效性检验 … 79
6.3.2 自恋水平与威胁来源对攻击行为的影响 … 79
6.4 讨论 … 84
6.5 结论 … 87

7 研究四：威胁情境下自尊对儿童自恋人格与攻击行为的调节作用 … 88
7.1 研究目的与研究假设 … 88
7.2 研究方法 … 88
7.2.1 被试 … 88
7.2.2 研究材料 … 89
7.2.3 研究程序 … 91

7.2.4　统计方法 …………………………………………… 92
　7.3　结果分析 ………………………………………………… 93
　　　7.3.1　描述统计 …………………………………………… 93
　　　7.3.2　威胁情境下自恋对攻击行为的影响：状态自尊的
　　　　　　 调节作用 …………………………………………… 93
　　　7.3.3　威胁情境下自恋对攻击行为的影响：内隐自尊的
　　　　　　 调节作用 …………………………………………… 95
　7.4　讨论 ……………………………………………………… 97
　7.5　结论 ……………………………………………………… 100

8　研究五：威胁情境下自我肯定对高自恋儿童攻击行为的缓冲作用 …… 101
　8.1　研究五 A　威胁情境下自我肯定对高自恋儿童攻击行为的
　　　　缓冲作用——行为指标 ……………………………… 101
　　　8.1.1　研究目的与研究假设 ……………………………… 101
　　　8.1.2　研究方法 …………………………………………… 102
　　　8.1.3　结果分析 …………………………………………… 106
　8.2　研究五 B　威胁情境下自我肯定对高自恋儿童攻击行为的
　　　　缓冲作用——生理指标 ……………………………… 111
　　　8.2.1　研究目的与研究假设 ……………………………… 111
　　　8.2.2　研究方法 …………………………………………… 111
　　　8.2.3　结果分析 …………………………………………… 112
　8.3　两个分研究的合并讨论 ………………………………… 115
　8.4　结论 ……………………………………………………… 117

9　综合讨论 ……………………………………………………… 118
　9.1　童年中期的儿童对自我持积极评价 …………………… 118
　9.2　童年中期自恋人格对攻击行为的影响具有情境性 …… 119
　9.3　肯定自尊是缓冲高自恋儿童攻击行为的关键 ………… 122
　9.4　生理因素对攻击行为造成一定的影响 ………………… 125
　9.5　本研究的教育启示 ……………………………………… 126
　9.6　本研究的局限性 ………………………………………… 128

目 录

10 研究结论及进一步研究设想 ………………………………… 129
  10.1 研究结论 …………………………………………………… 129
  10.2 进一步研究设想 …………………………………………… 130

参考文献 ………………………………………………………… 131

附　录 …………………………………………………………… 154
  附录1 测量工具部分题例 …………………………………… 154
  附录2 攻击行为测量竞争反应式范式图例 ………………… 156
  附录3 内隐自尊测量范式图例 ……………………………… 157
  附录4 实验中所用部分编程代码 …………………………… 159

1 文献综述

1.1 自恋人格

"自恋（narcissism）"一词源于希腊神话中的美少年那喀索斯（Narcissus）《不列颠百科全书》中对 Narcissus 的解释如下：希腊神话中的河神刻菲索斯和仙女莱里奥普的儿子，美貌出众。人们告诉他母亲说，如果他永远不看自己的容颜，他将活得很久。回声仙女厄科和爱他的阿美尼亚斯向他求爱，遭到拒绝，因而诸神惩罚他，使他爱恋自己在一处泉水中的倒影，最后憔悴而死。在他死去的地方长出以他的名字命名的花（水仙花）。这个故事并没有美满的结局，那喀索斯和厄科都因为没得到爱而憔悴。然而，作为命运的转折，他们的性格和特征都已融入现代研究者们的视野——自恋人格。

1.1.1 自恋人格的概念

早期研究者从精神病态和临床学角度对自恋进行界定，认为自恋是一种病态人格障碍，主要表现为对自我重要性与独特性的夸大、不合实际的权利感、极度渴望赞美、剥削他人的倾向以及傲慢等特点（*American Psychiatric Association*, 2013）。近年来，研究者们开始从非临床视角探索自恋，社会-人格心理学家将自恋视为普遍存在于一般人群中的一种连续的特质变量，认为自恋是一种具有对自我不切实际的夸大，但同时又很脆弱且高度依赖于他人评价，并认为自己享有某种特权和待遇的特点较为广泛的人格结构（Morf & Rhodewalt, 2001; Thomaes et al., 2013）。自恋结构的连续体说认为自恋是健康个体自尊的基本特质到病理性人格的连续体，健康的自尊和病理性自恋分别位于连续体的两极（Fan et al., 2011）。越来越多的研究表明，病理性自恋是特质自恋的极端表现，Miller 和 Campbell（2010）提出，特质自恋与病理性自恋分布在正常与极端的连续体上。此外，自恋人格障碍与特质自恋具有以下共同特征：夸大性、自我中心、攻击性和缺乏共情。因此，针对非临床样本的特质自恋进行研究有助于研究者们更好地了解自恋的病理性。

一直以来，自恋人格被研究者们看作一种较为矛盾的人格特质（Morf &

Rhodewalt，2001），具体体现在以下三个方面：在认知方面存在积极性和偏差性；在情感方面存在乐观性和脆弱性；在行为方面存在理性和非理性。也就是说，一方面，自恋的个体具有夸大性的特点，表现为高度评价自己，并认为自己应享有特权；另一方面，除了夸大性，自恋的个体往往具有脆弱性，表现为对外在的批评和消极评价等威胁敏感，为保护自我价值将产生愤怒和羞耻感。进一步，对自恋人格的特征进行回顾发现，自恋人格具有以下三个核心特征。

1.1.1.1　自我增强

自恋人格的核心特征之一表现在自我增强（Grijalva & Zhang，2016）。自恋的个体往往具有夸大的自我重要感，认为自我比他人优越（Campbell，Rudich，& Sedikides，2002），并且经常高估自己的能力与成就。相比于客观标准，他们常常高估自己的智商和外貌吸引力（Bleske-Rechek，Remiker，& Baker，2008；Gabriel，Critelli，& Ee，1994）。尽管在非自恋个体身上也会表现出某种程度的自我增强，但自恋个体的往往更为极端并且对社会约束不敏感，这种情况下自恋的个体会被认为是傲慢无礼的，并渴望赞美。非自恋个体同样渴望特权感，但自恋的个体经常认为自己会获得更多的特权和优待，一旦无法获得特权感时，他们就会对此产生敌意和反击（Moeller，Crocker，& Bushman，2009；Reidy et al.，2008）。

1.1.1.2　渴望赞美

自恋人格的另一个核心特征是渴望获得注意和赞美。自恋的个体具有自我中心性和强烈的支配欲（Buffardi & Campbell，2008），他们热爱追求领导地位，并渴望获得较高的声望（Rosenthal & Pittinsky，2006）。对于自恋个体的这一特征，人们难免会有所疑问，即既然自恋的个体认为自己是优越于他人的，又为什么如此需要外在的赞美来肯定这一切呢？一种观点对此进行了解释，即自恋的个体渴望获得肯定是由于在某种程度上而言其优越感是不稳定的（Brummelman，Thomaes，& Sedikides，2016）。也就是说，自恋的个体需要不断向别人验证自己在优越感上是胜利的一方。

1.1.1.3 敌意的人际取向

自恋人格的第三个核心特征是对待他人傲慢和压榨他人，因此获得了"不受欢迎的外向者"的标签（Paulhus，2001）。当自恋的个体处于竞争情境中，他们会迅速对周围产生敌意（Brown，2004），容易冲动并缺少共情（Hepper, Hart, & Sedikides, 2014；Holtzman, Vazire, & Mehl, 2010）；并且他们经常操纵和利用他人，渴望通过人际关系达到自己的目的。自恋的个体在初次被了解时往往被认为是迷人且受欢迎的（Paulhus，1998），然而，随着时间的推移，他们敌意的人际取向（如傲慢和攻击）开始浮出水面，这将导致对他们一开始的良好印象出现下降。自恋的个体不仅倾向于自我增强，而且也带来人际交往的弊端，即自恋的个体将人际关系中的受欢迎看作"他人为我而存在"的一种幻想。

追溯到自恋人格形成的早期，已有研究发现自恋人格在童年中期已经逐步形成（Thomaes et al., 2013；Thomaes et al., 2008）。与成人自恋个体的特征相似，童年期自恋的个体往往认为自己比他人优越（Thomaes et al., 2008），并期望在人际关系中占主导支配地位（Reijntjes et al., 2016）、渴望对他人表现出好印象（Ong et al., 2011）、易产生敌意和攻击（Barry et al., 2007；Thomaes et al., 2008），以及表现出更少的亲社会行为（Pauletti et al., 2012）。然而，仍有各种发展性因素，如认知因素、情感因素、发展阶段任务变化等，会影响不同年龄阶段个体自恋的表现。相比于成人的自恋个体，早期的自恋个体具有以下典型的特征：第一，自恋的孩子具有夸大的幻想性。临床研究发现，儿童和青少年等低龄自恋群体会表现出幻想性，来维持他们夸大的自我观（Bardenstein，2009）。该年龄阶段的个体幻想变得富有、强大和具有吸引力等，对于该阶段的个体而言，具有这些夸大的幻想是正常的，重要的是要区分出幻想性的程度和年龄阶段的匹配性。第二，自恋的孩子表现出与年龄不相符合的独立性。一种解释认为自恋的孩子为避免人际关系中的脆弱性而表现出独立，许多自恋的孩子对他人缺少信任感（Kohut，1971）。第三，自恋的孩子倾向产生内化情绪。已有研究发现，自恋的孩子在容易的任务失败后或获得一个表面积极实则虚假的反馈后，会产生更高水平的羞耻情绪（Malkin, Barry, & Zeigler-Hill, 2011；Thomaes et al., 2011）。同样，自恋的孩子易表现出更多的内化问题，包括恐惧、焦虑和抑郁。也许相比于儿童，成人已经逐渐学会了抑制和降低内化情绪，从而减少自我夸大感对他们的威胁。

1.1.2 自恋人格的测量方式

自我报告法是评估自恋人格最为常用的方法，成人自恋的测量方式广泛使用的是自恋人格量表（Narcissistic Personality Inventory，NPI）（Raskin & Terry，1988），随着研究的推进，针对自恋人格的研究逐渐转移到较小年龄的样本上，相应地也开发出了适用于儿童和青少年的自恋人格测量工具。

1.1.2.1 儿童版自恋人格量表

Barry 等人（2003）修订的儿童版自恋人格量表（Narcissistic Personality Inventory for Children，NPIC）用来测量儿童的自恋水平，该量表由 37 道题组成，如"如果有机会我会炫耀自己"，采用迫选式作答，并将自恋分为适应性自恋和非适应性自恋。分数越高，代表儿童自恋水平越高，该量表的信度为 0.81，并具有良好的效度。

1.1.2.2 儿童版自恋问卷

Ang 和 Yusof（2006）以 370 名新加坡学生为样本，从 NPI 中发展出以儿童和青少年为主要使用对象的儿童版自恋问卷（Narcissistic Personality Questionnaire for Children，NPQC），该量表共计 18 道题，如"我将来会成为一个不凡的人"，采用 Likert 5 点计分，其中得分越高代表自恋水平越高，该量表的信度为 0.81。此外，Ang 和 Raine（2009）将自恋人格问卷（儿童版）NPQC 修订为 NPQC-R（Narcissistic Personality Questionnaire for Children-Revised），该量表由 12 道题组成，采用 Likert 5 点计分，信效度较好。

1.1.2.3 儿童自恋量表

Thomaes 等人（2008）编制的儿童自恋量表（Child Narcissism Scale，CNS）用于测量儿童中期至青少年阶段的自恋水平，该量表由 10 道题构成，如"我觉得与众不同很重要"，要求儿童根据真实的情况选出符合自己的选项。问卷采用 Likert 4 点计分，分数越高代表儿童的自恋水平越高，该量表的信度为 0.84，效度良好，在不同国家被试群体上具有较好的适用性。

1.1.3 自恋人格的理论模型

自恋的个体往往充满矛盾：他们觉得高人一等，但又渴望别人的赞赏；他们看起来很自信，但也害怕被批评；他们虽然迷人，但对他人的需求并不敏感。这些看似矛盾的特质依据的是什么性格或心理过程？多年来，自恋的各种理论一直在尝试回答这个问题。

1.1.3.1 动态自我调节加工模型

自恋的动态自我调节加工模型（Dynamic Self-Regulatory Processing Model）（Morf & Rhodewalt，2001）是迄今为止最具有影响力的模型。这个模型认为：包括自恋者和非自恋者在内的人都希望建立和维持理想的自我观点（有时被称作理想自我）。为此，人们采用各种人际间的和个体的自我调节策略，自恋者的最终目的是建立和维护一个夸大的自我。他们希望有优越感、重要性、影响力，并应用社会、认知和情感的自我调节策略来实现这一目标。但是，自恋者目标的实现是瞬时的，因为他们夸大的自我观几乎不可能维持：在日常生活中，自恋者和其他人一样，不可避免会遇到篡改他们夸大的自我观的信息，如失败、批评和拒绝。因为自恋者的自我观是脆弱的，他们需要不断的外部肯定，如表扬和赞赏，去创造、维持或重建其夸大的自我。因此，自恋者处于一种长期的自我建构状态（Morf & Rhodewalt，2001）：他们不断地采用各种人际的和个人的策略去创造和维持他们渴求的夸大的自我。

在人际关系方面，自恋者试图给他人灌输良好的印象，并试图塑造他们的社会交往，以获得别人的关注和赞赏。例如，他们总是试图成为被关注的焦点、赢得别人的赞赏，并证明他们比别人更优秀。自恋者更关心的是获得成功而不是继续前进。在个人层面上，自恋者试图验证他们的夸大的自我观，比如对成功的过分赞扬、对消极结果的否定、高估自己的能力和成就，以及通过自我吹捧的方式重建过去的经历。因此，自恋者在建立和支持他们夸大的自我观方面具有很强的创造性。

具有讽刺意味的是，自恋者试图获得外部认可的不懈努力最终可能会被证明是自我挫败。他们试图获得关注、赞扬和欣赏的努力最终可能会事与愿违，并让那些给予他们赞赏的人产生厌恶感。自恋者给人的第一印象通常是迷人的、自信的、随和的。然而，最终，当自恋者操纵他人、以傲慢的方式行事、与他人产生矛盾,并以自己的方式处理利益冲突时,这种自恋的自我可能会浮出水面。一旦他人注意到自恋者敌对的人际关系取向,便不会再成为其外部认可的来源。这一动态过程被认为是终极自恋悖论:在寻求他人的认可时,自恋者倾向于破坏他们依赖的关系(Morf & Rhodewalt, 2001)。就像那个在水里寻找自己形象的那喀索斯,伸手触摸,却使其消失了。自恋者建立夸大的自我观的策略可能会适得其反,最终会破坏他们想要创造的夸大的自我。

自我调节加工模型促进了本研究对自恋的理解。该模型首次解释了自恋者的稳定性格和特征,还解释了自恋者为达到自我期望即时的自我调节策略。在这个过程中,自我调节加工模型把基于特征和基于过程的方法联系到了个性上(Morf & Rhodewalt, 2001)。根据这个模型,自恋者的稳定特征植根于他们用来建立夸大自我的瞬时策略的可预测性。该模型的主要贡献是它强调了社会、认知和情感过程是如何相互作用来创造和维持夸大的自我。重要的是,该模型的重要方面已得到儿童和青少年研究的证实。例如,最近的研究表明,自恋的孩子很容易失去自尊,他们渴望赞赏,且运用各种各样的个人和人际关系的管理策略来创造和维持他们想要的自我观。然而,有一点需要注意的是,该模型的关键假设认为自恋者有一个脆弱的自我,且该假设得到了理论和实证研究的支持。但是,研究者们关于自恋者是否有一个脆弱的自我并未达成一致共识,且那些相信自恋者可能有脆弱自我的研究者们对这种脆弱性的本质也存在不同意见。

综上,自我调节加工模型是较为全面的,对自恋人格的本质提出了独特的见解,并获得了大量的儿童和青少年实证研究的支持。但是,自恋者的脆弱本质仍需进一步探讨。

1.1.3.2 成瘾模型

自恋成瘾模型(Baumeister & Vohs, 2001)将自恋者对他人赞赏的成瘾与更为熟悉的成瘾(如吸毒成瘾)直接相提并论。从这个角度来看,自恋不一定是一个严格意义上的人格特质,而是一种长期的冲动和行为模式,该模式与表征成瘾的欲望和行为有着惊人的相似之处。成瘾指的是人们需要刺激(如可卡因、酒精、赌博)来避免身体或心理上的戒断症状(APA, 2013)。自尊成瘾的个体有时为了短期地满足自我需求,而不惜冒着要付出长期成本的风险,比如在人际关系层面上的风险。同样地,自恋者在寻求他人的赞赏时,可能无意中破坏了他们赖以获得赞赏的关系(Baumeister &

Vohs, 2001)。就像吸毒成瘾者经历着高低潮一样，自恋的个体也不能保持稳定的自我膨胀的自我观，而是在经历自我感觉很好的高峰中，穿插着感觉非常糟糕的低谷期（Thomaes et al., 2010; Thomaes et al., 2008)。

更重要的是，自恋可能与成瘾共享三个特征：欲望、戒断和耐受性。欲望指对理想刺激的强烈渴望。自恋者渴望得到别人的赞赏，他们用许多不同的策略来达到这个目标，甚至使用一些伤害他人的策略。因此，自恋者的策略是获得他们的赞赏，这与其他成瘾者的策略是不同的。戒断指的是停用一种药物时所产生的痛苦。同样地，当自恋者无法获得他人的赞赏时，他们的自尊就会下降，他们会变得愤怒、敌意甚至具有侵略性，就像那些被剥夺了成瘾物的瘾君子一样。耐受性指的是药物效果的降低，因此需要增加剂量才能产生相似的效果。同样地，自恋者似乎也不满足于一定程度的赞赏；即使他们得到了他们所渴求的赞赏，他们通常还会在更多场合寻求更多的赞赏。

自恋与成瘾间的其他相似之处在于人际关系领域。自恋者往往目光短浅，全神贯注于赢得他人的赞赏，被贴上了"自恋近视"的标签（Baumeister & Vohs, 2001)。在这种状态下，自恋者可能会把别人看作获得赞赏的一种方式，而忽略了他人的需求和关心。另外，当自恋者从关系中得到了他们想要的，也就是赞赏后，他们经常会转向另一个潜在的赞赏来源（例如，一个新朋友或伴侣）。因此，自恋者可能会忽视已被耗尽的赞赏源。总之，这些敌对的人际交往过程可能会导致自恋者排斥他人，从而失去他人的欣赏和赞扬。

成瘾模型最初被认为是对自恋的自我调节加工模型的补充（Morf & Rhodewalt, 2001)。该模型不仅揭示了自恋者的特质，也揭示了他们即时的自我调节策略。成瘾模型还具有以下两个独有的特征。首先，它强调自恋的核心是动机：自恋者与非自恋者的区别并不是他们看待自己的方式，而是他们所追求的东西。其次，该模型可能提供了对自恋的起源、性质和后果的新见解。例如，有人认为自恋与成瘾可能有类似的发展路径和神经生物学决定因素（Thomaes et al., 2013)。有鉴于此，研究者们可以从对成瘾行为的机制和治疗中获得启发，有针对性地缓解自恋失调所带来的不良反应。这些假设和其他的假设可能会提供减少自恋发展的预防和干预措施。自恋的成瘾模型同样具有一定的影响力和说服力，但是却从未在成人和青少年中被直接检测过。未来的研究可以检验该模型，并验证自恋和成瘾间的平行关系是否仅仅是一个简单的隐喻。

1.1.3.3 大五模型

人格有五个基本的维度：开放性、宜人性、外向性、责任心和神经质——被称为"大五"（McCrae & Costa，1997）。Paulhus（2001）提出了一种极简主义的自恋模式，以人格的两大维度来表征自恋：宜人性和外向性。尤其是，自恋者可能被认为是讨厌的外向者。不友好的人往往会是互相不信任、以自我为中心、不服从、傲慢和实际的。

自恋的大五模型的优点在于它对自恋的简单描述，它依赖于一种长期存在的理论和对人格结构的研究。但是，该模型也有它的缺点。首先，它不可能解释全部的自恋特征。如低宜人性和外向性的结合如何解释自恋者持有不切实际的积极的、夸大的自我观。相似地，低宜人性和外向性的结合不能解释自恋者对自我威胁经历的敏感性。其次，大五模型不能进一步解释自恋的个人或人际策略。现在依然缺乏大五模型在青少年群体中的应用证据。未来研究应进一步明确在哪种程度上可以用大五模型解释青少年的自恋，以及该模型可以解释自恋的哪些特征。

1.1.3.4 精神分析模型

在自恋理论的早期阶段，精神分析模型是相对有影响力的一个模型。尤其是，由 Kernberg（1975）提出的对象-关系模型（the object-relations model）和由 Kohut（1971）提出的自我-心理模型（self-psychology model）为心理学家们理解自恋提供了理论框架。下面将对这两个模型进行简单介绍。

（1）对象-关系模型。对象-关系模型认为个体有两个驱动力——力比多和攻击性，并且该理论还认为个体具有自我表征和对象表征。这些表征有积极（由力比多引起）和消极（由攻击性引起）两种效价。

根据 Kernberg（1975）的观点，自恋有不同的形式，这基于个体如何整合积极和消极的自我和对象表征。他认为，当人们把积极和消极的方面都整合到他们自己和对象的表征中时，就会产生正常的自恋。因此，正常的自恋是一种规范的过程，允许人们对自己和他人进行实际的评估。相反，病态的自恋源于人们只将积极的一面整合到他们对自我和对象的表征中，并把不好的自我和对象表征投射到其他人上。因此，病态的自恋包含了对自我的不切实际的正面的、夸大的观点，以及对他人的消极看法。Kernberg 认为，由于病态的自恋者贬低了他人，他们无法建立基于他人认可的自尊；相反，自恋的个体需要不断地从外界获得赞赏，从而产生自我良好的感觉。

（2）自我-心理模型。根据自我-心理模型（Kohut，1971），孩子具有与生俱来的自爱，这被称作原发性自恋。原发性自恋被认为是人类生存的基本动机或本能的表现。根据这个模型，孩子们一开始对他们自己（即夸大的自我）和他们的父母（即理想的父母形象）都有高度正面的看法。在最佳发展条件下，夸大的自我逐渐成熟，成为人们的抱负和自尊的根源。同样地，理想化的父母形象逐渐被内化成一个超我的道德标准和价值观，这些价值观影响着人们的理想。但是，正如Kohut所言，如果孩子们经历了创伤（例如，当他们的父母对他们的需求缺乏足够的敏感时），夸大的自我和理想化的父母形象可能会保持他们的婴儿形态，最终导致病态的自恋。因此，自我-心理模型假定病态自恋源于发育停止。自恋者可能会在以后的人际关系中重新体验他们未满足的人际需求和发展任务。例如，在友谊或恋爱关系中，他们可能会不断地寻求他人的接纳和认可，试图以此来肯定自身的夸大的自我。

尽管自恋的精神分析模型对当代实证研究的贡献相对有限，但一些假设仍具有一定的影响力。首先，精神分析模型强调自恋者拥有对自己和他人的扭曲的观点。研究表明，扭曲的自我和他人观点可能是自恋的核心（Andersen, Miranda, & Edwards, 2001; Morf & Rhodewalt, 2001）。其次，精神分析模型区分了自恋和自尊，这与当前的概念和研究结果相一致。再次，精神分析模型首次阐明了自恋者面对挫折时，为保持其积极的自我观而采用的广泛的认知策略。研究表明，自恋者经常采用诸如否认、合理化和外化的策略应对责备（Morf & Rhodewalt, 2001）。最后，精神分析模型以发展的视角阐述自恋，而其他理论或多或少地假定自恋的本质在发展过程中保持着相似的性质。精神分析模型试图从生命全程的角度来解释自恋，即自我发展的早期中断可能导致成年后的病态自恋，这一假设的影响力一直持续到现在。

综上，鉴于自恋自相矛盾的本质，该领域的学者们面临着一个有趣的挑战：如何从单一的心理学角度去理解它看似不协调的特性。在心理学的早期阶段，有研究者提出了几个模型来解释自恋的本质，虽然这些模型已经产生了重要的和非直觉性的见解，但是，最具影响力的自恋模型中却缺少发展的视角。这是不幸的，原因如下：首先，自恋的表现和其潜在的过程可能在发展过程中发生变化。其次，需要从发展的视角来阐明将发展的前因（例如，功能失调的社会化经历、气质的类型）与后来的自恋人格联系起来的机制（Olson & Dweck, 2008）。而对这些机制全面且深入的了解，将有助于在儿童早期制定预防和干预措施，从而引导自恋人格的正常发展。

1.1.4 自恋人格的形成机制

以往针对自恋人格的综述多是从自恋的类型、理论模型等方面进行探讨（郭丰波等，2016；何宁、谷渊博，2012），却较少追根溯源地关注个体自恋的形成及发展过程。高爽和张向葵（2018）从社会-人格的特质角度，对以往的理论及研究进行梳理，从生理机制和社会化机制两个角度阐述了个体自恋的形成机制。

1.1.4.1 生理机制

（1）气质。个体情绪和行为与动机系统密不可分，一种是促进行为和产生积极情绪的动机系统，另一种是阻止行为和产生消极情绪的动机系统，与这两种动机系统相对应的气质类型分别称为趋近气质（approach temperament）和回避气质（avoidance temperament）（Elliot & Thrash，2002；Kagan & Fox，2006；Thomaes et al.，2009）。趋近气质对积极的刺激存在普遍的神经生物学敏感性，从个体早期发展贯穿整个一生，儿童期观测到的趋近气质表现至少能够预测其8岁之前的趋近气质（Rothbart et al.，2001）。Elliot和Thrash（2002）认为回避气质对消极的刺激存在普遍的神经生物学敏感性，回避气质水平高的个体对消极刺激更加警惕和拒绝。首先，自恋者表现出的许多行为方式，如攻击性、冲动、冒险倾向等，以及人格特征，如外向性、竞争、自我实现等都是趋近气质水平高的个体的典型表现（Bushman & Baumeister，1998；Thomaes et al.，2009；Zajenkowski et al.，2016）。其次，与高水平趋近气质个体相似，自恋的个体强烈地追求获得个人目标，许多自恋者的日常需要就是追求较高的目标与认同自身夸大的自我观（Morf & Rhodewalt，2001）。最后，与高水平趋近气质个体相似，自恋者对于奖励比较敏感，自恋者会倾向于做出获取暂时利益而付出长远代价的行为（Vazire & Funder，2006）。Foster（2008）的一项研究发现，自恋的个体具有较高水平的趋近气质源于其具有获得理想目标的内在动机，并且，具有较高水平趋近气质、较低水平回避气质的个体易形成隐性自恋，而具有较高水平趋近气质与回避气质的个体则易形成显性自恋。可见，不同动机系统的气质类型对个体自恋的形成起到不同的作用。此外，由于个体的人格结构往往受气质与环境相互作用的影响，气质也是自恋人格形成中的一个非常重要的易感性因素。

(2)内分泌系统。一般而言,个体在社会情境中的行为差异依赖于内分泌系统,皮质醇和睾酮两种内分泌激素水平易受社会情境影响。自恋的个体对自我有夸大的积极关注,尤其关注在社会情境下是否比他人优越,社会性反馈对其自恋具有重要影响(Fox & Rooney,2015)。下丘脑-垂体-肾上腺系统(hypothalamic-pituitary-adrenal system)是应对压力的主要生理通路,在免疫系统中发挥着辅助抑制的作用,皮质醇(cortisol)属于神经内分泌系统,是下丘脑-垂体-肾上腺轴的终产物,参与应激调节的生物反应过程,是一种"应激激素",并且能够表现出一定的昼夜节律变化(Groeneveld et al.,2010;贺琼等,2014)。最近的研究发现,个体的自恋水平与皮质醇分泌密不可分,能够预测并影响皮质醇的分泌(Edelstein,Yim,& Quas,2010;Pfattheicher,2016)。Reinhard 等人(2012)的研究发现,相比于女性,自恋的男性具有更高水平的皮质醇。社会自我保护理论(social self-preservation theory)认为,自恋的个体对社会自尊和地位具有警惕性和敏感性,导致其内分泌系统的皮质醇分泌产生反应,往往个体的自恋水平越高,其唾液皮质醇的分泌含量也越高(Dickerson & Kemeny,2004)。

下丘脑-垂体-性腺系统(hypothalamus-pituitary-gonadal system)主导人类的行为方式,具有情绪和认知的功能(Mehta,Jones,& Josephs,2008)。睾酮(testosterone)是由下丘脑-垂体-性腺系统分泌的产物,是一种类固醇激素,其受体遍布于几乎所有核细胞,对大脑发育、攻击行为等具有重要影响。Pfattheicher(2016)的研究发现,高自恋水平的个体往往相应地会分泌较高水平的睾酮激素。自我威胁理论认为当个体自我受到威胁时,会在某种程度上唤起其攻击行为(Bushman & Baumeister,1998)。Lobbestael 等人(2014)的研究从自我威胁角度发现,睾酮的分泌能够影响个体自恋的形成。此外,自恋作为一种受情境影响的人格,其形成和发展与社会密不可分,而易受情境影响的皮质醇和睾酮两种内分泌激素对自恋的形成起到重要的生化基础作用。

(3)神经系统。目前,越来越多的研究表明,人格系统在大脑中有对应的神经结构,神经脑成像的研究对心理学研究者形成和检验心理过程的理论模型至关重要,对在神经生理水平上研究自恋具有较大的实际价值(Baumeister & Vohs,2001;Cicchetti & Thomas,2008)。Fan 等人(2011)根据被试自恋水平将被试分为高自恋组和低自恋组,结果发现,高自恋组个体的前脑激活程度低于低自恋组,其中右侧前脑岛更为明显。Morf 和 Rhodewalt(2001)认为自恋与自我的不同特征密不可分,对自我的夸大性(exaggerated)是自恋人格的核心特征。自恋的夸大性表现在个体往往认为自己在各个方面都要比他人优越，然而，客观地看，这种夸大性导致的优越感可能具有积极的一面，也有可能具有消极的一面。在积极层面，自恋的夸大性往往被认为是一种积极的自我提升，多项功能性磁共振成像（functional magnetic resonance imaging，fMRI）的研究发现，当个体使用积极特质词进行自我评价或积极对未来时间进行加工时，腹侧前扣带回皮层（ventral anterior cingulate cortex，vACC）和眶额叶皮层（orbitofrontal cortex，OFC）被激活（Beer & Hughes，2010；Moran et al.，2006）。在消极层面，自恋的夸大性更多地表现为过度自信，一项 fMRI 研究发现，自我参照加工会导致内侧前额叶皮层（medial prefrontal cortex，MPFC）的激活，而眶额叶皮层的激活则降低了自我评价的过度自信，这将导致消极的夸大性自恋（Beer, Lombardo, & Bhanji, 2010）。中等偏上效应（better-than-average effect）是指个体在评价自己时会比评价他人存在更积极的倾向，这在一定程度上是自恋的表现。一项针对中等偏上效应进行的 fMRI 研究发现，该效应会导致额叶皮层和背侧前扣带回的激活，而眶额叶皮层受损的患者会产生不现实的积极自我意向（Beer et al.，2006）。综上，前脑岛、腹侧前扣带回皮层、眶额叶皮层、内侧前额叶皮层及背侧前扣带回等脑区的激活是影响自恋形成的神经机制。

1.1.4.2 社会化机制

除生理机制以外，社会化经验对个体自恋人格的形成和塑造同样具有尤为重要的影响。刘双和张向葵（2008）认为，个体自我评价形成的关键在于儿童对社会价值标准的习得，随着社会化的不断深入，儿童逐渐学会基于社会价值的标准来评价自己的能力和价值。

一般而言，理论学者和临床心理学家都认为个体早期与父母间的互动是形成自恋人格的重要因素（Thomaes et al.，2013；Wetzel & Robins，2016），对此有两种主要理论视角：一种持父母过度评价和溺爱导致个体在童年期形成自恋，尤其是夸大的表扬会让孩子将个人能力与自我价值联系在一起，倾向于认为自己是特别的，并且比其他人优秀（Kohut，1977；Twenge，2006）。由此，儿童夸大的自我观和特权感等的形成过程也是学习和模仿父母的过程，而父母对儿童过度的评价进一步使儿童形成了自恋人格。另一种理论视角认为父母对孩子缺少温暖和控制导致儿童自恋的形成。父母对孩子缺乏温暖和关爱、对孩子表达的欣赏或积极情绪太少，儿童则会通过建立膨胀和夸大的自我观来抵抗这种无价值感，进而形成了自恋人格（Kernberg，

1975；Thomaes et al.，2013）。在实证领域，不同的横断研究结果发现，在对自恋型个体采用追溯式方法要求他们回忆童年期父母的教养方式时，自恋个体较多汇报他们的父母认为自己的孩子具有超人的才能，过度表扬且较少批评他们；也有其他研究中自恋的个体报告他们父母的教养方式多是缺乏温暖，冷漠忽视（Claudio，2016）。一项纵向研究针对 565 名儿童及其父母进行四次追踪研究，交叉滞后分析发现个体的自恋人格是由童年时期父母过度评价造成的（Brummelman et al.，2015）。并且，自恋儿童的父母往往会高估自己孩子对常识性知识的掌握，并过度表扬儿童的表现，甚至为了让自己的孩子与众不同，会给孩子起非常特殊的名字。随着时间的迁移，这些社会化经验会导致儿童将这种优越性内化为对自己的看法，进而成为自恋的核心，这在一定程度上证实了自恋形成的社会学习理论（Brummelman et al.，2015）。美国社会心理学家库利提出的"镜像我"观点认为，自我是在社会交往活动中根据他人对自己的反应和评价建立起来的，不仅是个人，更是社会的产物，个体通过感知他人对自己的感知而获得对自我的认识，塑造自我观（Cooley，1940）。如社会学习理论所述，当父母对儿童的评价表现为比其他人都要特殊和具有特权时，儿童会将父母的信念内化到自己的认知中，形成自我的夸大和特权。也就是说，其父母过度评价的社会化经验促成个体自恋人格的形成。

1.1.5 自恋人格的发展

在探讨个体自恋人格的发展时，普遍存在一些疑问，如个体自恋的前兆产生在哪个发展阶段，自恋起始于哪个发展阶段，以及随着时间的推移自恋人格的稳定性如何等问题。目前依据该领域的实证研究和临床经验，结合个体在不同阶段认知发展能力下自我评价的特征，追根溯源地从自恋的前兆、形成的起点以及表现进行探讨，以便更好地了解自恋人格在个体不同阶段的发展历程。

1.1.5.1 童年早期——自恋的前兆

在童年早期，2～7 岁的个体缺少评估自我价值的能力。根据皮亚杰的认知发展理论，从出生到 2 岁的个体处于感知运算阶段，他们对外界事物的认知是通过感觉器官与周围环境的互动而实现的，对自我的认识和体验多来自自身的活动及与养育者的互动。此时对自我的评价内容主要集中于个体可观察的、外显的行为层面，其自我评价处于行为水平，自恋也处于行为水平（Harter，2006；刘双、张向葵，2008）。而随着个体成长至7岁，他们的认知能力也发展到相应的前运算阶段，该阶段的具体表现是，儿童逐渐开始能够运用语言符号来表征包括自我能力和社会价值标准，能够对自我进行评价。此时，评估内容大部分集中于自我属性，存在领域特殊性和夸大性，如运动领域是儿童早期自我的核心成分。而他们与年龄较大的儿童相比还存在质的差异，因为此时儿童无法区分自身的理想与实际能力，不能将自我评价跨越到不同的主体层面，也不能有意识地反思自己（Thomaes et al.，2009；Thomaes，Poorthuis，& Nelemans，2011）。此时，儿童对自我的评价表现出不真实的积极，形成夸大的自我观，其自恋处于概念水平。结合图1-1发现，儿童早期自恋个体的自我评价具有行为性、领域特殊性和夸大性三个特征（Harter，2006）。受儿童认知发展所决定，该时期的儿童还尚未形成对自我进行真实评价的认知能力，在一定程度上，该阶段在自恋的发展历程中可视为个体自恋的前兆。

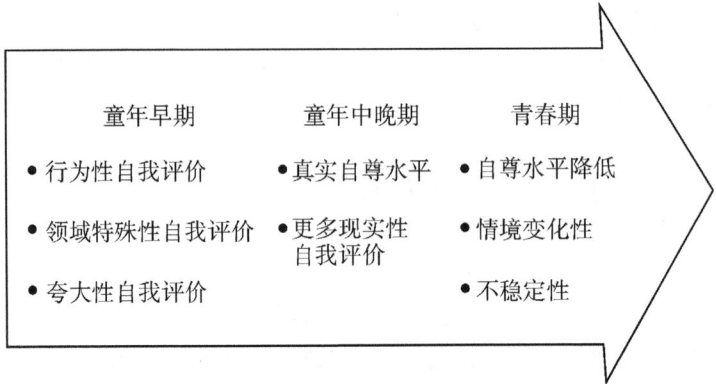

图1-1 从童年早期到青春期个体自我评价的发展
（引自 Thomaes，Poorthuis，& Nelemans，2011）

1.1.5.2 童年中期——自恋的起点

从8岁开始，儿童的认知能力逐渐发展到具体运算阶段，该阶段的儿童认知结构发生重组，抽象推理能力逐步发展，其对自我的认识与评价也随之产生变化。大多数儿童对自我持积极的认识，不同于儿童早期夸大非现实性的自我评价，此刻，儿童对自我的评价逐渐趋于真实。已有研究发现，个体对自我形成较为真实的自我评价的年龄在 7 岁或 8 岁左右,该年龄的儿童能较为整体地评价自己的能力和价值,关注自己在他人眼里的积极意象,面对批评更为敏感且容易产生羞耻感。自恋的许多特征出现于童年中期,包括高度的自我意识、对获得人际认同的高度关注、使用印象管理策略创造积极自我观的倾向等(Thomaes et al., 2009)。从 7 岁或 8 岁开始,儿童对自我的评价变得更加真实,尽管一些儿童能够发展出真实的自我评价,但部分儿童仍存在膨胀夸大的自我观。从理论视角方面探讨,这个年龄的儿童开始建立基于社会比较的自我观,对自我的评价纳入越来越多社会比较的内容,逐渐认识到事物相互对立的特性,而自恋人格形成于该阶段,约在 7 岁或 8 岁(Bardenstein, 2009; Barry, Frick, & Killian, 2003; Thomaes et al., 2008)。在实证研究方面,Frick 等人(2000)早期的研究表明自恋在个体 8 岁时形成并可以进行测量,对临床和社区样本进行人格问卷调查表明,年龄较大的儿童与青少年已经产生了比较稳定的和可进行重复测量的自恋特质。Thomaes 等人(2008)发展出儿童自恋量表,发现 8 岁及以上的儿童对自恋进行的自我报告具有较好的信效度,并且该量表在儿童自恋测量中被广泛使用。综上,随着个体在童年中期认知能力的发展,个体对自我的评价逐步变得具有整体性和真实性的特征,而膨胀夸大的自我观则为个体自恋发展的重要因素,8 岁左右是个体形成自恋人格的一个起点。

1.1.5.3 青春期——自恋的表现

当个体从童年中期发展至青春期,该阶段个体的认知能力逐渐从具体运算阶段发展到形式运算阶段,也就是说,个体将逐渐摆脱对具体可感知事物的依赖,思维从而发展到抽象逻辑推理水平,其对自我的评价在真实的基础上受各个方面影响较大。尤其在青春期发展的过程中,个体的生理、认知和社会性都会发生巨大的变化,而对自我的评价也随之发生变化(Harter, 2006)。青少年期个体的自我评价具有情境变化性,即随着情境的不同,其自尊水平也有所变化,如在与同伴或父母相处时其自尊水平是不同的。并且,这个时期个体的自我评价具有降低趋势和不稳定性。已有研究发现,该时期个体的自恋水平逐渐升高,并且在青春期时达到顶峰,成人期时趋于下降(Foster, Campbell, & Twenge, 2003; Roberts, Edmonds, & Grijalva, 2010; Twenge et al., 2008),也有研究认为个体在青少年期自恋水平没有明显变化(Barry & Lee-Rowland, 2015; Trzesniewski, Donnellan, & Robins, 2008)。与自尊水平变化不同,自恋的个体拥有的自我评价多是膨胀夸大的，自恋水平没有明显变化的原因可能是在童年中期已形成相对稳定的自恋，发展到青少年期相对不会有太大变化。而从 8 岁及以后的自恋与个体自我优越性、社会反馈、同伴关系等密切相关（Thomaes et al.，2008）。由于 8 岁及以后个体的自恋人格初步形成，实验研究发现 8 岁及以后的个体在自我受到威胁后会表现出攻击行为，这种自我威胁来自消极的社会反馈（Barry et al.，2003；Thomaes et al.，2008）。一项针对青少年自恋性攻击行为的干预研究发现，通过自我肯定来降低自恋个体感受到的威胁，能够进一步降低其攻击行为（Thomaes et al.，2009）。因此，鉴于攻击性自恋是冒险行为的风险性因素之一，如果在青少年时期进行恰当的心理干预与指导，掌握个体在青少年时期自恋的发展趋势，会大大降低由此导致的风险性。

1.2 攻击行为

1.2.1 攻击行为的概念

在关于攻击行为的各种界定中，研究者们目前较为认可的是第四版《儿童心理学手册》中所提出的攻击定义，即攻击是旨在伤害或损害他人（包括个体，也可是群体）的行为（Parke & Slaby，1983）。Dodge 等人（2006）沿用了该定义，认为攻击是个体做出的意在伤害他人的行为，并指出该定义强调了攻击的意图。

根据不同的维度可以对攻击行为进行不同的分类，其中最具有代表性的分类方式有两种。一种是从形式上划分，将攻击行为分为身体攻击、言语攻击和关系攻击三种形式；另一种是从功能上划分，将攻击行为划分为主动性攻击和反应性攻击两种形式。美国心理学家 Dodge 和 Coie（1987）将攻击分为主动性攻击（proactive aggression）和反应性攻击（reactive aggression）。主动性攻击是指个体在未受挑衅的情况下所实施的故意的、有目的的攻击行为，主要表现为物品的获取、欺负和控制同伴等；反应性攻击则以挫折攻击理论为基础，是指个体面对挑衅或挫折时愤怒的防御性反应，主要表现为愤怒、发脾气或失去控制等（Dodge & Coie，1987；Xu，Farver，& Zhang，2009）。主动性攻击因其攻击行为常常不会伴随着负面情绪的唤醒，甚至会为攻击达成的目标而开心，而被描述为"冷血"（cold blooded）；反应性攻击因其攻击行为是冲动的、快速的，常常伴随负面情绪，而常被描述为"头脑发热"（hot-headed）（Arsenio，Adams，& Gold，2009；周广东、冯丽姝，2014）。

两种不同的攻击行为模型分别针对主动性和反应性两种攻击行为进行了对应的区分。其中，主动性攻击模型是建立在班杜拉的社会学习理论基础之上（Bandura，1973）。社会学习理论认为，攻击是一种受结果预期控制和影响的行为，可以通过操作性条件反射，或是通过榜样的替代性学习的方式习得。其中，诱发攻击的主要因素是对行为结果的积极预期，主动性攻击的个体通常预期实施攻击后可实现自己的目的或愿望，并非惩罚。反应性攻击模型以挫折攻击理论为基础，该理论认为，攻击是个体对所感知到的挫折、威胁或挑衅产生的愤怒或防御性反应，挫折为攻击的发生提供了一种唤醒状态，而诱发反应性攻击的因素包括愤怒、感知到的威胁或目标阻断等；并且当受阻目标越重要时，个体产生的受挫感越强烈，其发生反应性攻击的冲动就越多。已有多项追踪研究发现，主动性攻击和反应性攻击这两种攻击类型具有不同的发展轨迹，并且二者在类型上具有区分性（Murray & Ostrov, 2009；Ostrov et al.，2013）。

1.2.2 攻击的测量方式

1.2.2.1 问卷法

主动性攻击和反应性攻击测量最常使用的是美国心理学家 Dodge 和 Coie 编制的教师评定问卷（Dodge & Coie，1987），该问卷由 6 个项目组成，其中 3 个项目测量主动性攻击，如"召集其他人一起攻击自己不喜欢的同伴"，3 个项目测量反应性攻击，如"在受到取笑或威胁时，他/她很容易愤怒并反击"。采用 Likert 5 点计分，得分越高表明儿童越倾向于使用某一类攻击行为。自我报告常使用的是攻击问卷，该问卷由 36 个项目组成，采用 Likert 4 点计分，对攻击的形式和功能进行了区分：其中，形式包括外显攻击和关系攻击；功能包括主动性攻击和反应性攻击。其他父母、同伴评定问卷是在教师评定问卷和自我报告问卷的基础上改编而来的。研究表明，以上问卷可以有效地区分主动性攻击和反应性攻击，具有良好的信效度。

1.2.2.2 实验法

竞争反应时任务（Taylor's Competitive Reactive Time Task，TCRT）是一

种广泛用于实验室测量攻击行为的一种范式（Lotze et al., 2007; Meier & Wilkowsk, 2006; Seibert et al., 2010; Taylor, 1967）。在这个任务中，首先，告知被试其正在和其他选手进行比赛，比赛的内容是当被试听到声音后就立刻进行按键反应，按键反应快的一方为比赛的赢家。其次，比赛一共包括25轮，在每轮比赛开始前，要求被试为对手选择噪声刺激等级和持续时间，被试可以选择的噪声刺激等级为0（65 dB）～9（110 dB）。在任务中，第一轮设置为被试赢，其余24轮分别为4个blocks，每个block由6轮比赛组成，其中胜利和失败各3轮。最后，如果被试输掉比赛，被试将会收到一个随机施加强度的噪声和持续时间；如果被试赢得比赛，则被试获得为对手设置噪声大小和持续时间的机会。事实上，每一轮比赛中被试的竞争对手是虚拟（不存在）的，而每次比赛的输赢结果是由实验程序随机呈现的。其中，噪声大小和持续时间为攻击行为的指标。实验后，向被试致歉，对实验实情进行解释并赠送礼物。

1.2.3 攻击行为的理论基础

1.2.3.1 社会学习理论

美国心理学家班杜拉提出社会学习理论（Social Learning Theory），用来阐明个体在社会环境中的攻击行为习得。班杜拉将人的学习行为分为由行为后果引起的直接学习和通过示范过程引起的观察学习两种形式，并强调观察学习在个体行为形成中的重要性。社会学习理论认为，攻击是一种受结果预期控制和影响的行为，可以通过操作性条件反射或通过榜样的替代性学习的方式习得。而对行为结果的积极预期是诱发攻击行为产生的重要因素，往往主动性攻击的个体预期在实施攻击之后即可实现自己的目的或愿望，而并非会因此获得惩罚（Bandura, 1973）。

1.2.3.2 挫折—攻击假说

挫折—攻击假说（Frustration-Aggression Hypothesis）由美国心理学家多拉德（J. Dollard）等人提出，认为挫折是产生攻击的重要原因，个体的受挫感引发了攻击驱力的觉醒，这种驱力指向挫折的原因，从而引起攻击或破坏的行为。贝科维兹修正了上述理论，他认为由挫折而产生的消极情绪是引

1 文献综述

起攻击倾向的最初原因，但消极情绪并非决定性因素，一般情况下，个体对攻击线索的认知是决定攻击行为产生与否的关键性因素。综上所述，挫折在攻击行为发生时，提供了一种唤醒的激发状态，攻击行为是对所感知到的挫折、威胁或挑衅产生的愤怒或防御性反应。其中，愤怒、感知到的威胁或目标阻断均是诱发反应性攻击的因素，并且，如果对个体而言受阻目标越重要，由此产生的受挫感就越强，从而发生反应性攻击行为的冲动就越高。

1.2.3.3 自我威胁理论

Baumeister 等人（1996）提出自我威胁理论（Threatened Egotism Model），认为一个自我概念膨胀或过分积极的人，在遇到自我概念受到威胁时会表现出攻击行为，该种情境下攻击行为产生的机制是，当消极的社会反馈威胁到个体积极的自我观时，这种对积极的自我评价的自我威胁，会导致个体产生愤怒的情绪和攻击行为。自我威胁是指个体受到质疑、反驳、责难、嘲弄、挑战，或处于危险之境时的心理反应，由此个体会产生攻击行为，尤其将攻击行为指向威胁来源。当面对积极自我评价的消极反馈时，个体通常会产生两种反应可能：一种是假设个体接受这种消极反馈，将导致个体积极自我评价的降低；另一种是假设个体拒绝这种消极反馈，则其即通过拒绝来维持个体内在的高自尊。进一步讲，这其中将涉及自我评价中的两个动机假设：一个动机假设是自我提升，该动机假设认为，个体总是期望最大限度地拥有积极的自我概念，因此个体将尽可能寻求提升自我评价；另一个动机假设是自我验证，该动机假设认为，个体常常力求保持一致的自我评价，因此尽量避免改变他们的自我概念。尽管两个假设不一致，但都强调自恋个体强烈地拒绝消极反馈以避免自我价值感受到损失，同时预期自我评价过于积极的个体受到自我威胁时，经常对这种反馈产生非常强烈的消极反应，即为了维持其内部的自尊，个体将愤怒情绪外导，从而引发攻击行为。

1.2.3.4 一般攻击模型

Anderson 和 Bushman（2002）提出一般攻击模型（General Aggression Model），认为个人因素（如人格特质、态度、性别等）和情境因素（如激起、攻击性线索、挫折水平等）的共同作用能影响各种作用于攻击行为的认知、情绪和唤醒机制。即攻击行为的发生要通过个体或诱发情境，激发个体内在状态，引发个体认知、情绪和唤醒的过程，这三个过程通过即时评价或重新评价，再决定表现出的行为模式。该模型认为内在状态的过程既可以单一影响评价，也可以一起影响评价，这些过程是相互影响的。该模型对攻击行为的解释从一元走向多元整合的观点，更重视不同因素间交互作用对攻击行为产生的影响。

1.2.4 攻击行为的发展

在学龄前时期（2～6岁），相比于反应性攻击或敌意性攻击，主动性攻击行为会表现得更为频繁，被动攻击逐渐开始出现。此外，言语攻击逐渐显现并变得频繁，但由于父母的干预作用，言语攻击出现下降的趋势（Dodge et al., 2006）。研究发现，儿童的身体攻击行为在学龄期前明显降低。根据母亲的报告，从2～3岁到4～5岁，儿童身体攻击的比例下降了20%（NICHD Early Child Care Research Network, 2004）。这一攻击行为的降低与儿童自我控制和延迟满足能力的增长密切相关，儿童通过转移自己的注意力并忽略挫折信息而具有更好的愤怒控制能力，并表现出更少的攻击行为（Gilliom et al., 2002）。

小学期间（6～10岁），攻击行为的频率逐渐降低，但攻击的形式和功能却在发生变化（Dodge et al., 2006）。在这一年龄段，儿童已经能够在不用攻击策略的情况下实现多数目标。由于生理上前额叶皮层的发展，个体的执行能力也相应提高，该阶段的个体已经能够设定目标、相应地制订行动计划，并对目标的进展情况进行监测（Barkley et al., 2002）。因此，在这个阶段，儿童的攻击行为也逐渐由主动性攻击占主导转为反应性攻击占主导。攻击行为不再被用来获得或维持对玩具和领地的控制，而更多地被用于当自认为存在威胁和人身侮辱时，解决人际关系问题，提升人际关系指数。与此同时，他们开始认为同伴可能会有意伤害他们，因而越来越有可能采取报复行为，从而导致反应性攻击逐渐增多（Coyne et al., 2011）。综上，儿童的反应性攻击与控制冲动的能力有关，也与自我和自尊受到威胁和诋毁有关。随着儿童观点采择能力的提高，一旦他们领悟了他人对自己挑衅行为背后的动机，就会开始报复性还击。

在青少年时期，随着认知能力的发展，大多数个体的身体攻击行为出现持续减少的趋势，相应地，关系攻击行为变得更加复杂，如拉帮结派、建立联盟等（Coyne et al., 2011）。在此时期，少数青少年会出现较严重的攻击行为，这可能是青少年的前额叶皮层并没有完全发育成熟的表现。并且，相对而言，男孩的攻击行为频率要高于女孩，这是生理原因所导致的，生理上

1 文献综述

激素的变化影响男孩的反应性攻击,而个体在激素水平上的差异也是影响攻击行为的一个重要因素。

1.3 自尊

1.3.1 自尊的概念

自尊(self-esteem)的概念已经具有大量相应的理论解释和实证研究(Kernis,2006;Swann & Bosson,2010)。从历史的角度来看,詹姆斯将自尊定义为"成功率与人生重要领域的维护",对后人定义自尊有重要影响。最新的自尊定义强调自尊应该从自我概念(self-concept)结构中分离出来,自尊是在表达情感或者评估自我概念结构中,强调人们如何感受自我(Leary & Baumeister,2000)。张向葵和刘双(2008)在对西方自尊两因素理论进行回顾时进一步指出,自尊是人生存需要与价值需要有机结合的具体体现。生存需要要求个体必须有能力应对生活中的各种挑战,即表现为能力;价值需要要求人的能力的发挥必须符合社会价值标准,即表现为价值。自尊作为自我系统的核心成分之一,对个体的认知、动机、情感及行为均有广泛的影响,是心理健康的重要影响因素(高爽、张向葵、徐晓林,2015)。

1.3.2 自尊的测量方式

1.3.2.1 外显自尊的测量

外显自尊测量多采用自陈式量表进行测量,包含对特质自尊和状态自尊的测量,考虑到童年中期自尊水平测量的适当性,针对性地呈现主要测量方式。

(1)罗森伯格自尊量表(Rosenberg Self-esteem Scale)。Rosenberg于1965年编制而成的自尊量表,是个体对自己整体自尊的自我报告测量工具,是目前自尊研究领域中使用最广泛的工具。该量表包含10个项目,其中有5个项目为正向计分题,如"项目7:整体而言,我对自己感到很满意";另外5个项目为反向计分题,如"项目10:我有时认为自己一无是处"。该量表采用 Likert 四点计分，得分越高，表明个体的自尊水平越高，信效度较好。

（2）Harter 自我知觉量表（Self-Perception Profile for Children）。Harter（1985）修订的自尊量表用来测量儿童的状态自尊水平。它包含 6 个维度，分别是一般自我知觉、学业自我知觉、社交自我知觉、运动自我知觉、体貌自我知觉和行为自我知觉，共 36 个项目。其中一般自我知觉代表儿童的整体自尊，该维度由 6 道题构成，如"我对自己很有信心"，要求儿童根据自己的真实情况，对每道题选出与自己最符合的选项。该量表采用 Likert 四点计分，将符合程度按照等级进行计分，分数越高表示儿童的自尊水平越高，信效度较好（丁雪辰等，2014）。

1.3.2.2 内隐自尊的测量

由于内隐自尊脱离个体意识的监控范围，传统的自陈式方法无法对其进行直接测量，研究者借鉴内隐社会认知的研究范式，在此基础上发展并形成一些内隐自尊特有的间接测量方法，常用的几种测量方法如下。

（1）内隐联系测验（Implicit Association Test）。Greenwald 等人（1998）最早提出使用内隐联系测验来测量内隐自尊，目前该方法已经成为社会认知领域中最为广泛使用的研究范式。在实验过程中，给被试呈现两种词汇，其中一种是自我与非自我的概念词汇，另一种是具有积极属性或消极属性的词汇。操纵分为两种：一种是在相容条件下，也就是说将自我词汇与积极词汇归为一类，将非自我词汇和消极词汇归为一类；另一种是在不相容条件下，即将自我词汇与消极词汇归为一类，将非自我词汇与积极词汇归为一类。接下来，计算被试在以上两种条件下反应时之差，并将此差值作为内隐自尊的指标，得分越高，代表被试的内隐自尊水平越高，该范式具有良好的信效度。

（2）外部情绪性 Simon 任务（Extrinsic Affective Simon Task）。De Houwer（2003）提出使用外部情绪性 Simon 任务来测量内隐自尊，在实验过程中，给被试呈现两类词汇，一类是白色词汇，一类是彩色词汇。首先，在屏幕上呈现白色词汇，要求被试按照词汇本身的积极或消极属性进行归类并进行按键反应。接下来，呈现彩色目标词汇，有蓝色和绿色两种，要求被试按照词汇本身的颜色进行分类并进行按键反应。此时，用消极判断的反应时减去积极判断的反应时，获得的差值即为 EAST 效应，即表示被试的内隐自尊水平。

1.3.3 自尊与自恋人格的区别和联系

《儿童心理学手册》第三版"社会、情绪与人格发展——自我"一章中强调，自尊与自恋作为两种不同的结构，不仅体现在两种量表所测量的概念层面，还体现在经验层面。自恋需要个体具有一种权利感、优越感，喜好表现自我，而高自尊的定义是喜欢并尊重自我，因此有必要从概念、方法和经验上区别这两个概念。自尊是个体对自我的整体性评价，隶属于自我概念系统中的评价成分（Baumeister, Smart, & Boden, 1996），两因素理论强调自尊是个体能力与价值的整合（张向葵、刘双，2008）。自恋所传递的核心信念是"我比别人优越（I am superior to others）"，自尊所表达的核心信念是"我是有价值的（I am worthy）"（Brummelman, Thomaes, & Sedikides, 2015）。自恋与自尊可以从以下四个方面进行区分。

（1）在表型上，自恋是指认为自己优越于他人，并享有特权，能获得他人赞美。值得强调的是，自恋的夸大性更注重对自我的评价要优越于他人。而高自尊却与此相反，是指对自己感到满意并非优越。Rosenberg（1965）认为，自尊是个体对自我价值感的感知，并非要优越于他人。因此，自恋和自尊都是对自我的积极感觉，受表型的影响，二者仅具有微弱的相关（Barry, Frick, & Killian, 2003; Campbell et al., 2002; Fanti & Henrich, 2015; Thomaes & Brummelman, 2016），亦有研究发现自恋与自尊相关不显著，为自恋与自尊是两种不同的结构提供了证据（Barry et al., 2007）。

（2）在后果上，自恋和自尊往往会对社会行为产生影响。自恋个体往往没有与他人建立深厚联结的愿望，反之，他们总是表现出认为自己超越他人并对他人进行利用支配以维持自己的社会地位（Campbell et al., 2002）。自恋的个体会将羞耻反应外化为攻击行为，导致自恋性攻击发生。与此相反，高自尊个体并不具有这些特征。

（3）在发展上，自恋与自尊均在童年晚期（7岁左右）出现（Thomaes et al., 2008）。尽管自恋与自尊的起点相似，但二者的发展轨迹却存在差异，自恋在青春期时达到顶峰，至成人期趋于下降（Foster, Campbell, & Twenge, 2003）。与此相反，自尊在青春期时处于谷底，至成人期逐渐增高（Robins et al., 2002）。因此，在整个进程中，自恋与自尊的发展趋势此消彼长。

（4）在起源上，除了受遗传因素影响外，二者均受社会化经验的影响。一项纵向研究（Brummelman et al., 2015）采用565名儿童及其父母为研究样本，对他们进行四次追踪研究，通过交叉滞后分析发现个体的自恋人格是由童年期父母的过度评价造成的，随着时间的推移，这些社会化经验会导致儿童将这种优越性内化为对自己的看法，进而成为自恋的核心。相反，自尊是由童年期父母的温暖教养方式带来，父母经常对孩子表达积极情绪，儿童将此内化为自己是有价值的个体，进而形成自尊。

自恋与自尊存在一定的联系，一方面，根据米德的社会符号互动理论，自恋与自尊皆起源于儿童将社会化评价内化的过程（Harter，2012），易受外在评价影响；另一方面，在自我层面，自恋与自尊皆涉及自我评价的成分（Bosson et al.，2008）。

无限度地追求提高自尊，易导致自恋人格的形成。在某种程度上，自恋人格被看作高自尊的一个亚型（Baumeister et al.，2003；Twenge & Campbell，2009）。

1.3.4 自恋人格与攻击行为：自尊的调节作用

由前面自恋与自尊的区别和联系综述部分可知，自恋与自尊作为两种不同的结构，不仅体现在两种量表测量的概念层面，而且也体现在经验层面。具体而言，自恋与自尊在表型、后果、发展和起源上都具有很大的区别。从 Baumeister 等人（1996）提出自我威胁论开始，研究者们在探讨自恋人格对社会行为影响的同时，多会考虑自尊在其中的作用。而目前较为一致的观点是不同水平的自尊是影响自恋与攻击行为之间关系的重要因素，但在一点上仍有分歧——自尊水平如何影响攻击行为的变化，自我威胁论和面具模型对此持不同的观点。

Baumeister 等人（1996）提出自我威胁理论，认为一个自我概念膨胀或过分积极的人，在自我概念受到威胁时会表现出攻击行为。该种情境下攻击行为产生的机制是，当消极的社会反馈威胁到个体积极的自我观时，这种对积极的自我评价的自我威胁，会导致个体产生愤怒的情绪和攻击行为。激发个体攻击行为的机制是积极的自我观受到负面的社会反馈的挑战，这种对积极的自尊的威胁（自我威胁）会导致愤怒和攻击。Baumeister 等人（2000）在此基础上提出，自恋的个体对自我评价过度积极，并期望他人也持相同看法，在自我威胁下，高自尊的个体会表现出更高的攻击行为。Bushman 等人（2009）采用实证研究验证了该理论，即在自我受到威胁的情境下，高自尊的个体将因此产生更多的攻击行为，而对于低自尊水平个体而言，几乎对此不产生影响。Zeigler-Hill 和 Besser（2013）提出的面具模型深受早期 Kernberg（1975）和 Kohut（1971）自恋理论的影响，认为尽管自恋的个体具有夸大的和过度积极的自我评价，但这受不现实的自我观以及自我报告方式的影响，在个体面具之下所呈现的自我评价为真实的。也就是说，自恋的个体往往是由自尊水平的降低而产生攻击行为的。此外，面具模型也强调低内隐自尊在其中所起的重要作用，这也是相对于先前理论更进一步的深入。

1.3.5　自我肯定——提升自尊的实验操纵

1.3.5.1　自我肯定的概念

自我肯定（self-affirmation）是指在面临威胁时，通过肯定与威胁信息无关领域的自我价值来维持自我的整体性，通过将自我看作整体上有道德、丰满、有效的个体，从而减弱威胁对自我的影响（Steele，1988）。面对威胁时，个体通过思考与威胁领域无关的其他重要的自我价值，或从事与这些重要的自我价值有关的活动来维持自己在总体上是好的、是适应社会的，即所谓的自我整体性（Steele，1988；石伟、刘杰，2009）。也就是说，由于重要的自我价值被锚定，威胁自我的信息就失去了威胁的能力。人们的自我概念中普遍存在一种维持良好自我感觉的动机，自我肯定能够通过唤醒积极品质，促使个体意识到自我价值未受威胁而改变，从而降低威胁的影响（Sherman & Cohen，2006）。

1.3.5.2　自我肯定的实验操纵

自我肯定的实验操纵是通过描述或思考重要的个人价值、参与肯定重要个人价值的活动来实现的（McQueen & Klein，2006）。完成价值观量表是自我肯定实验操纵最常见的一种方法，其中肯定的价值观多选自价值观量表，包含理论的、经济的、美学的、社交的、政治的、宗教的等价值观（石伟、刘杰，2009）。具体实验操作如下：首先，要求被试根据价值观量表列出自己的价值观及描述，并要求被试按自己的重要程度进行排序，接下来将被试随机分配到自我肯定组和无肯定组，随后要求自我肯定组的被试完成一个有关其重要的价值观的测验。其中一种测验方法由 10 道迫选的选择题组成，其中一个选项涉及最重要的价值，另一个选项有其他几个价值并按照一定的比例进行分配，这样被试有 10 次机会肯定自我的重要价值。另一种更为直接的测验方式是，在被试对价值观进行了排序后，要求被试写出为什么这种价值对其最为重要，或者举例说明其重要性。而这种更为直接的方式在自我肯定的实验室操作中被研究者广泛运用，具有良好的信效度（Thomaes et al., 2009; Reijntjes et al., 2010; Thomaes et al., 2012）。

1.3.5.3 自我肯定与自尊（外显自尊和内隐自尊）

研究者认为，自我肯定效应的产生是在威胁情境下，通过提升个体自尊水平这一机制作用完成的（Mcqueen & Klein, 2006）。也就是说，在由威胁导致个体自尊水平降低的条件下，自我肯定能够通过提升个体的自尊水平来维持自我的完整性，继而降低个体产生的防御行为。一方面，通过自我肯定的操纵能够提升个体的状态自尊水平。Baumeister 等人（1996）提出低状态自尊是个体受到自我威胁时的关键性因素，已有研究证明自我肯定能够提升个体状态自尊的水平，由此降低威胁下产生的不良情绪和行为反应（Park, 2007; Cohen et al., 2006; Thomaes et al., 2009; Cohen & Sherman, 2014）。另一方面，自我肯定能够提升个体的内隐自尊水平。Rudman 等人（2007）在前人研究自我肯定可以消除群际偏见以及调节防御反应的基础上，深入研究自我肯定对内隐自尊的影响，发现相比于低自我肯定，高自我肯定对个体的内隐自尊具有更为积极的影响。由此发现，自我肯定可以使个体在自我威胁的情况下，通过提高自尊的方式来维持自我的完整性，进而降低不良的行为反应。对自尊水平的提升既包括外显自尊，如状态自尊，也包括内隐自尊，即在威胁下对个体的外显自尊和内隐自尊都起到提升的作用（Creswell et al., 2005; Cohen, 2006; Koole et al., 1999; Park, 2007; Rudman, 2007; Thomaes, 2009）。

1.4 相关研究

1.4.1 自恋人格与攻击行为

回顾自恋与攻击行为领域的相关研究，就会追溯到低自尊与攻击行为关系研究领域的探讨上。在成人群体上，已有大量研究认为自尊与攻击行为存在负相关（Bradshaw & Hazan, 2006; Donnellan et al., 2005）。Thomaes 和 Bushman（2008）认为通过自我报告所得的自尊和攻击行为结果会有失偏

1 文献综述

颇,受社会赞许性影响,高自尊的个体可能会报告低攻击行为。在儿童群体上,也有研究发现自尊与攻击行为具有负相关(Donnellan et al., 2005)。除了存在研究方法的局限之外,这些研究并未排除低自尊与攻击行为之间的关系取决于社会或情境因素。

Baumeister 等人(1996)反驳低自尊导致攻击行为的观点,他们认为攻击行为的发生离不开夸大的自我观和夸大性信念受到威胁两方面,而研究中提及的不稳定的夸大的自尊后来被证实为自恋人格,可使用自恋量表测量。Bushman 和 Baumeister(1998)的研究结果也支持了该理论,认为高自恋得分与自我威胁共同导致攻击行为。该理论得到不同研究的支持(Papps & O'Carroll, 1998; Twenge & Campbell, 2003; Thomaes et al., 2008),Donnellan 等人(2005)对此提出异议,认为自恋的个体具有攻击性,低自尊的个体也具有攻击性。针对 Donnellan 等人的质疑,Bushman 等人(2009)采用三个研究进一步证实了该观点:研究一发现个体的低自尊并未导致攻击行为,而自恋且高自尊的个体在自我受到威胁时最具有攻击性;研究二除了证实研究一的结果外,还发现自恋且低自尊个体的攻击行为反而会衰减;研究三将研究结果进行元分析,发现低自尊与攻击行为相关不显著,自恋且高自尊的个体在自我受到威胁或负面评价时,攻击性会升高。

也有许多研究从自我报告的形式上探讨自恋与主动性攻击和反应攻击的关系,结果存在一定的差异。Seah 和 Ang(2008)在亚洲文化背景下,对新加坡一所中学 698 名平均年龄为 13.99 岁的学生进行研究发现,自恋人格与主动性攻击相关系数为 0.17,与反应性攻击相关系数为 0.09。回归分析发现,在控制年龄和性别变量后,自恋对主动性攻击和反应攻击均具有显著的预测作用,其回归系数分别为 0.14 和 0.08。这些发现支持了 Salmivalli(2001)和 Washburn 等人(2004)先前的研究。Barry 等人(2015)研究发现,自恋与反应性攻击相关为 0.16,与主动性攻击相关为 -0.01,自恋能够显著预测反应性攻击($\beta = 1.77$)。Salmivalli(2001)从自恋结构的角度提出自恋与主动性攻击的机制在于自恋的个体为了自我提升而压榨、利用他人,而自恋与反应性攻击的机制在于 Baumeister 等人(1996)提出的自我威胁论。此外,在主动性与反应性攻击的测量上,方式不同也会导致结果差异,如采用自评的方式而非教师或同伴报告,这可能是由于社会赞许效应而导致结果有失偏颇。

1.4.2 威胁情境下自恋人格对攻击行为的影响

许多研究表明，个体差异和情境因素与攻击行为关系密切，但大多数调查集中在自我报告的攻击性测量，而关于情境因素对个体差异与攻击行为关系的研究不多（Bettencourt et al.，2006；Anderson & Bushman，2002）。一般攻击性模型（Anderson & Bushman，2002）认为特质或个人的因素（如人格特质、性别、态度、遗传等）和情境因素（如激起、攻击性线索、挫折水平、疼痛等）的共同作用能影响各种作用于攻击行为的认知、情绪、唤醒机制。其中，由激起引发的威胁情境是自恋与攻击领域中最受关注的一个重要因素。一项研究采用元分析的方法探讨了人格变量与攻击行为在中性和激起情境下的关系，把人格变量分为两类，结果发现：一类是具有攻击倾向性的人格特质，如特质攻击性、特质易怒等，这些人格特质与激起不存在交互作用，即无论是激起还是中性条件下，这些人格特质与攻击行为无差异；另一类是敏感性人格特质，如自恋、冲动等人格特质，这些人格特质与激起存在交互作用，即在激起条件下，高敏感性特质个体表现出更多攻击行为（Bettencourt et al.，2006）。江雅（2007）研究发现，在同伴拒绝的情境中，显性自恋个体会进行直接报复性攻击，隐形自恋个体会对他人进行无辜的替代性攻击。刘荣（2009）研究发现，高隐性自恋且高自尊个体更容易受自我威胁情境的激发。Li 等人（2016）研究发现，发现状态自恋能够在实验室成功被激发；并进一步发现，在挑衅的情境下，愤怒和敌意归因偏差这两个因素，在状态自恋和攻击行为中具有多重中介的作用。Rasmussen（2016）最新一项针对激起的攻击与自恋的元分析发现，自恋与激起的攻击呈正相关，并且这种相关在儿童青少年群体上更强大。由此可见，威胁情境对自恋个体的攻击行为存在着较强的相关性与预测性。Chester 和 Nathan（2016）采用 fMRI 脑成像技术针对平均年龄为 18.86 岁的被试进行研究发现，当自恋的个体自我受到威胁时，其背侧前扣带回（dorsal anterior cingulate cortex，dACC）脑区激活，攻击行为增加。

1.4.3 自尊对自恋人格和攻击行为的作用

自尊和自恋是预测攻击行为的两个重要的人格特质，前者是个体对自我价值的一种安全和稳定的感知，后者是一种对自我夸大和防御性的感知。先前研究认为攻击行为与自尊呈负相关，与自恋呈正相关（Donnellan et al.，

1 文献综述

2005），然而却有许多不一致的发现。一些研究发现儿童自尊与攻击行为可能受到自尊的影响，Barry 等人（2003）发现高自恋同时具有低自尊的儿童会表现出更高的攻击性。Locke（2009）研究发现，攻击与自尊呈负相关而与自恋呈正相关，与 Paulhus 等人（2004）和 Donnellan 等人（2005）的观点一致，认为自尊与自恋人格是相互抑制的，也就是说，当降低二者之间的共享方差（shared variance）后，能够增大他们在攻击行为上的反向效应。在某种意义上，面具模型（自尊负向预测攻击）和自我威胁理论（自尊正向预测攻击）都认同自恋个体所具有的不稳定的自尊，Barnett 和 Powel（2016）的研究支持面具模型，发现自尊对攻击行为起负向预测。自恋同时具有高自尊的儿童更具有攻击性，自恋且具有低自尊的儿童并不具有攻击性（Golmaryami & Barry, 2010; Thomaes et al., 2008）。研究发现，自恋的儿童具有更高的社交焦虑，并且自恋与社交焦虑的关系受儿童自尊水平的影响，相比于具有高自尊水平的自恋儿童，低自尊水平的自恋儿童表现出更高的焦虑水平（Nelemans et al., 2012）。并且，已有针对青少年的研究发现，自尊水平在自恋与攻击行为之间起到重要的作用（Lee-Rowland et al., 2017; Stellwagen & Kerig, 2010）。

除了外显自尊在自恋与攻击行为之间的作用外，随着研究机制的深入以及研究方法的推进，研究者们逐渐关注内隐自尊的差异性，以期更好地了解自我观对自恋与攻击行为的作用机制。Jordan 等人（2003）研究发现，自恋得分较高的个体，其外显自尊较高但内隐自尊较低。Zeigler-Hill（2006）的研究结果与此不一致。Rudman 等人（2007）提出，当个体在不同的威胁情境下，都会表现出内隐自尊补偿现象，也就是说，当个体处于自尊受威胁的情境中时，其内部抵抗威胁的防御机制就会自动启动，并且通过提高内隐自尊的方式来控制个体的负性情绪，以达到缓解焦虑的作用。Thomaes 等人（2009）研究发现持积极或消极而扭曲不稳定自我观的儿童在得到消极反馈后会产生更多的消极情绪，易导致攻击行为。双重态度模型认为，脆弱高自尊者（包括自恋）的本质特征是，尽管个体在外显层面对自我评价表现得尤为积极，但真实的情况是在其内心深处，往往对自我持较为消极的看法和评价。多数情况下，这种消极的内隐自我态度会被个体极力压抑到潜意识层面，不会轻易显示出来，这在某种程度上也解释了为什么长期以来个体经常性处于紧张状态，却表现出对于评价性信息尤为敏感（张林、张向葵，2003）。因此，自恋的个体一旦接收到消极的评价，其内心的消极自我感觉就会突显，并与积极的自我评价发生巨大冲突。为了维护积极的外显自我评价，个体会使用各种防御手段以解决这种情感冲突。陈方瑞（2016）采用大学生为被试时发现，成败情境下不同自我肯定能够影响个体的内隐自尊。

1.4.4 自我肯定的缓冲作用

自我肯定（self-affirmation）是指在面临威胁时，通过肯定与威胁信息无关领域的自我价值，来维持自我的整体性，从而减弱威胁对自我的影响（Steele，1988）。也就是说，由于重要的自我价值被锚定，威胁自我的信息就失去了威胁的能力。人们的自我概念中普遍存在一种维持良好自我感觉的动机，自我肯定能够通过唤醒积极品质，促使个体意识到自我价值未因受到威胁的影响而发生改变，从而降低威胁的影响（Sherman & Cohen，2006）。童年期是成年之前儿童自我观可塑的关键时期（Trzesniewski, Donnellan, & Robins，2003），因此，童年后期是改变儿童自我观以干预攻击行为的重要时期。先前研究发现，自我肯定能够支撑维持自尊，在实验情境中能够降低由威胁或负性评价导致的心理反应（Creswell et al.，2005；Sherman & Cohen，2002）。思考个人强项能够提升个体的自尊，并降低拒绝敏感性，也有研究者发现肯定了自我重要价值的被试会偏爱其名字的首字母，这表明自我肯定提高了内隐自尊（Koole et al.，1999；Park，2007）。Thomaes（2009）等人采用 Cohen（2006）的实验范式，让自我确认组被试书写自认为最重要的价值以及为什么这些价值对他们如此重要。将 405 名平均年龄为 13.9 岁的儿童分为自我肯定组和控制组，结果发现，自我肯定组儿童的自恋并不引起攻击增加，并不受高低自尊影响。Thomaes 等人（2012）发现，将 173 名平均年龄为 12.9 岁的儿童分为自我价值肯定组和控制组，在自我价值肯定后，儿童的亲社会感受和行为均有提高。研究发现无论在高威胁还是在低威胁情境下，个体都倾向于进行内部自我肯定；郑鸽等人（2015）采用大学生为被试研究发现，自我肯定能够有效缓解群际威胁对自我评价的消极影响。胡心怡和陈英和（2017）研究发现，与外部自我肯定相比，内部自我肯定能够降低个体由于高威胁情境所产生的消极情绪，并具有一定的积极作用。

2 问题提出

2.1 已有研究的不足

如前所述，通过对儿童自恋人格与攻击行为领域的文献进行回顾，不难看出，该领域仍存在许多地方需要细化探索，目前已有的结论尚存在不一致的地方，有待于后续新的研究深入挖掘。因此，现将目前仍存在的不足归纳如下。

第一，已有研究发现，个体对自我形成较为真实的自我评价年龄在 7 岁或 8 岁左右，该年龄的儿童能较为整体性地评价自己的能力和价值，关注自己在他人眼里的积极意象，面对批评更为敏感且容易产生羞耻感（Thomaes et al., 2008）。国外研究发现，近三十年来，西方青少年群体自恋水平随年代变化呈逐渐升高趋势（Foster, Campbell, & Twenge, 2003; Twenge et al., 2008）。最近一项研究发现，在社会文化背景下采用互联网大样本对我国被试群体自恋水平进行调查，显示年青一代具有较高的自恋水平（Cai, Kwan, & Sedikides, 2012; 蔡华俭、罗宇、施媛媛, 2014）。那么，向前推测至儿童自恋人格形成之时期，其对自我拥有怎样的看法，是更多持积极还是消极观念，需要进一步探索。此外，在探究童年中期儿童自我观的基础之上，进一步探讨在儿童自恋人格形成关键期的自恋水平具有深远的意义。直到 21 世纪初，关于儿童自恋人格的实证研究才开始兴起。最开始，儿童和青少年的自恋研究一直是临床医生关注的问题，他们描述了儿童和青少年患者的自恋问题的临床表现、结果、过程和治疗，专为儿童和青少年开发的第一个标准化的特质自恋的测量方法的面世改变了以往的局面（Barry et al., 2003; Frick, Bodin, & Barry, 2000）。这些测量方法的使用使得研究者对儿童和青少年自恋的探讨更容易了。而 Thomaes 等人（2008）编制的儿童自恋量表（Childhood Narcissism Scale，简称 CNS）在不同国家的被试群体中具有良好的适用性。并且，Thomaes 等研究者在后续的研究中更为频繁地使用该量表作为儿童自恋人格的测量工具。那么，该量表在童年中期儿童的适用性如何？在自恋人格形成阶段，童年中期的儿童具有怎样的自恋水平？

第二，由前面综述可知，自我与攻击行为一直是发展心理学和社会心理学领域研究的热点，自恋人格与攻击行为关系的研究最初源于自尊与攻击行为的关系，传统观点认为低自尊水平是导致个体攻击行为的重要因素。随着研究的推进，研究者们逐渐将研究视角从低自尊与攻击行为的关系转移到自恋与攻击行为的关系。自恋人格与攻击行为关系的研究最初源于自尊与攻击行为的关系，传统观点认为低自尊水平是导致个体攻击行为的重要因素。Baumeister 及同事（1996）进行深入研究发现低自尊并不能够显著预测攻击行为，而夸大的自我观，如当受到自我威胁时才是个体产生攻击行为的重要因素之一（Bushman & Baumeister, 1998；田录梅、张向葵，2006）。而自恋者通常具有不稳定、脆弱的自尊与自我价值感，这也可能是其攻击行为产生的主要因素（Barry et al., 2003；Falkenbach, Howe, & Falki, 2013）。从此，自恋人格与攻击行为的关系逐步引起研究者们的重视，该实验结果获得一些重复性验证（Konrath, Bushman, & Campbell, 2006；Thomaes et al., 2008），也获得了许多相关性结果（Exline et al., 2004；Lustman, Wiesenthal, & Flett, 2010）。

以往的这些研究多采用大学生或成人等被试群体，相对于低龄化的被试群体，该群体已具有相对成熟稳定的自我观。而追溯到早期个体自恋形成阶段，无论是从理论视角还是实证研究均发现儿童自恋人格形成于个体成年以前，约在 7 岁或 8 岁（Bardenstein, 2009；Barry, Frick, & Killian, 2003；Thomaes et al., 2008）。Rasmussen（2016）采用元分析方法发现，在年龄因素的调节作用上，两者相关程度在儿童与青少年群体中比在大学生与成人群体中更强，而目前国内针对儿童自恋人格与攻击行为关系的研究较为缺少，纵向研究发现，自恋促进攻击行为的稳定性，高自恋个体在一年后比低自恋个体更可能具有攻击性（Bukowski et al., 2009）。因此，在个体早期自恋形成时期探讨其与攻击行为的关系，具有更好的预测性和解释性。

已有研究在探讨儿童自恋人格与攻击行为关系时更多是从攻击形式的视角，如身体攻击、言语攻击和关系攻击（Golmaryami & Barry, 2010；Ojanen, Findley, & Fuller, 2012）。随着认知能力的发展，儿童在小学阶段其攻击行为逐渐下降。但这种攻击行为更多倾向于主动性攻击，从而忽视了该时期主动性攻击逐渐减少、反应性攻击逐渐增多这一现象（陈亮等，2011；赵冬梅等，2009）。在攻击行为的发生、发展以及影响因素等方面，主动性攻击和反应性攻击都存在着一定的差异，大约有15%的儿童具有主动性攻击行为，而将近33%的儿童具有反应性攻击行为（Dodge et al., 1997）。国外已有研究在探讨儿童自恋与主动性攻击和反应性攻击的关系时发现，自恋与两种攻击行为均呈正相关，但二者的相关孰大孰小，结果并不

统一（Fossati et al., 2010; Lau & Marsee, 2013）。造成这种结果差异的原因有两个：一是在儿童自恋人格的测量上，一些研究仍选用自恋人格量表NPI-40，但该工具更适用于成人被试群体；二是攻击行为的指标有效性，受社会赞许效应影响，涉及攻击行为这种负性社会行为，若采用自评的方式往往得不到客观真实的结果。

第三，Dodge 在《儿童心理学手册》中提出小学儿童攻击行为的导火索主要包括感知到的对自我的威胁和侮辱（Dodge, Coie, & Lynam, 2006），而社会威胁的经历（包括同伴拒绝和消极反馈）在童年中期普遍发生（Asher, Rose, & Gabriel, 2001）。为了验证儿童自恋人格与攻击行为的关系，学者们进一步探讨了威胁因素对儿童自恋与攻击行为的影响。那么，不同情境下，儿童自恋对攻击行为有何影响？Donnellan 等人（2005）的研究证明了自恋与攻击行为的关系。Thomaes（2008）以自恋水平和羞耻情境为自变量，采用改编的竞争反应式任务中攻击行为指标作为因变量，结果发现高自恋儿童在羞耻的情境下产生更高的攻击行为。Bushman 等人（2009）通过实验再验证、元分析等方法探讨自恋、自尊对攻击行为的影响，是该领域较为经典的实证研究。但是，先前研究仍存在以下三点不足：其一，攻击行为指标通过自我报告问卷获得；其二，羞耻情绪这种即时性体验具有较大的主观性，并且不能直接获得自恋对攻击行为的影响；其三，被试选取上倾向于大学生和青少年群体。

随着研究的推进，国内外研究者们逐渐对威胁深入划分探究。以下两个研究是将威胁进行程度的划分：Reijntjes 等人（2013）针对平均年龄为13.1岁的荷兰样本从情境和气质两个因素探讨青少年早期男生的攻击行为，将负性反馈操纵细化为不同的两种程度，即一般（3个中性反馈+1个消极反馈）和强烈（3个消极反馈+1个中性反馈）两种水平，结果发现负性反馈和高强度的挑衅会导致更多的攻击行为。林玛（2011）以大学生为被试群体在反馈内容上进行调整，发现威胁人群的增大会导致自恋者自我威胁的增加，从而导致更高的攻击性，但该研究中攻击行为的测量是采用自陈式量表获得。也有研究者从不同群体的角度对威胁进行划分，国外一项研究发现儿童在种族群体外的威胁下攻击性更强（Reijntjes et al., 2013），该研究在威胁情境下进一步考虑威胁来源，将威胁来源群体分为种族内群体和种族外群体。尽管以上研究从威胁的不同层面进行探讨，但仍存在一个共同问题：虚拟化导致威胁情境脱离现实生活的真实情境性。相比于不同种族的威胁来源，在日常生活情境中，儿童的攻击行为更多是针对种族内群体、学校及班级内所接触到的同伴，来自同伴的消极反馈及拒绝是小学阶段普遍存在的现象。

第四，威胁情境中所采用的负性反馈直指个体的自我价值，关于自我的负面反馈会使人们对当前的自我感受和理想的自我感受产生差异（Vandellen et al.，2011）。自尊是自我结构的核心成分之一，是个体对自我的情感性评价，影响着个体对周围环境的应对方式（Leary & Baumeister，2000）。研究者们在探讨自恋与攻击行为的关系时，在考虑到情境变量的同时，亦逐渐将视角拓展到自我观的另一成分——自尊的影响。个体的自尊包含两个监控系统——即时性和长期性，即分别对应着状态自尊和特质自尊。相比于特质自尊，状态自尊对人际关系的即时监控更为敏感，即个体在当前情境中对被接纳或排斥的感受和监控（Leary et al.，2003）。

以往研究在探讨自尊对攻击行为的作用方面仍存在很多不一致：较早的研究发现，在社会拒绝情境下自尊并未对攻击行为产生显著作用（Twenge & Campbell，2003）；也有研究发现自恋对攻击行为起到负向预测作用（Barry，2003；Donnellan et al.，2005；Locke，2009）；还有研究发现自恋同时具有高自尊的儿童更具有攻击性，自恋同时具有低自尊的儿童并不具有攻击性（Golmaryami & Barry，2010；Thomaes et al.，2008）。先前研究在探讨自尊的作用时，选用的测量方式多为自尊的特质测量，但特质自尊的测量存在两点不足：其一，个体在采用自评式量表进行自我评定时难免会出现更多的主观性作答，受社会赞许效应影响，个体在作答时持更积极的自我观，这样获得的自尊水平不够真实客观；其二，基于社会计量器理论对个体特质自尊的测量并不能很好地体现出状态性，尤其在具体情境中，状态自尊更起到重要的作用。

Bushman 和 Thomaes（2011）在《自恋手册》中提出自恋的个体尽管可能具有高的外显自尊，但其内隐自尊是处于较低水平的。除外显自尊在自恋与攻击行为之间的作用外，随着研究机制的深入以及研究方法的推进，研究者们逐渐关注内隐自尊的差异性，以更好地了解自我观对自恋与攻击行为的作用机制。Jordan 等人（2003）研究发现，自恋得分较高的个体，其外显自尊较高但内隐自尊较低。Zeigler-Hill（2006）的研究结果与此不一致。Rudman 等人（2007）提出，当个体处于不同的威胁情境下，都会表现出内隐自尊补偿现象，也就是说，当个体处于自尊受到威胁的情境中时，其内部抵抗威胁的防御机制就会自动启动，并且通过提高内隐自尊的方式来控制个体的负性情绪，以达到缓解焦虑的作用。Thomaes 等人（2009）研究发现持积极或消极而扭曲不稳定自我观的儿童在得到消极反馈后会产生更多的消极情绪，易导致攻击行为。那么，针对不同情境下儿童内隐自尊对自恋和攻击行

2 问题提出

为的预测作用是值得深入探讨的。

第五，童年中期是成年之前儿童自我观可塑的关键时期（Trzesniewski, Donnellan, & Robins, 2003），因此，童年中期是改善儿童不恰当自我观以干预其攻击行为的重要时期。先前研究发现，自我肯定能够支撑维持自尊，在实验情境中能够降低由威胁或负性评价导致的心理反应（Creswell et al., 2005; Sherman & Cohen, 2002），在这里对自尊的支撑包括外显自尊和内隐自尊（Creswell et al., 2005; Cohen, 2006; Koole et al., 1999; Park, 2007; Rudman, 2007; Thomaes et al., 2009）。Thomaes 等人（2012）发现，将173名平均年龄为12.9岁的儿童分为自我价值肯定组和控制组，在自我价值得到肯定后，儿童的亲社会感受和行为均有提高。尽管目前研究逐渐重视自我肯定在威胁情境下对自我的肯定作用，但仍存在以下三点不足：其一，已有研究从情绪因变量切入探讨自我肯定的作用，但如前讨论中所述，情绪在攻击行为中更多是起到中介机制；其二，仅仅从亲社会行为探讨，以通过自我肯定来提高个体的亲社会行为；其三，尽管先前研究对攻击行为进行了测量，但更多却是采用自我报告式测量，相对不够客观，并且，由于因变量指标较单一化，不能体现出情境下每一个阶段的即刻变化。

2.2 拟研究的问题

本研究以童年中期的儿童为研究对象，在儿童自恋人格形成的关键时期，层层递进地探讨自恋人格对攻击行为的影响，从自尊的角度入手，深入探讨自尊在二者之间起到的作用，拟解决的问题如下。

问题一：童年中期的儿童拥有怎样的自我观？

童年中期阶段儿童的认知能力逐渐发展到具体运算阶段，该阶段的儿童认知结构发生重组，抽象推理能力逐步发展，其对自我的认识与评价也随之产生变化。大多数儿童对自我持积极的认识，不同于儿童早期夸大非现实性的自我评价，此刻，儿童对自我的评价逐渐趋于真实。自恋的许多特征出现于童年中期，包括高度的自我意识、对人际认可的高度关注以及使用印象管理创造积极的自我观等（Thomaes et al., 2013）。那么，童年中期儿童对自我持怎样的评价？在自恋人格形成的关键阶段，其具有怎样的自恋水平呢？预研究A通过初步描述性方法来初步描述童年中期儿童的自我观。预研究B在经典测量理论的基础上，采用项目反应理论的特例——Rasch 模型进行分析，探讨该量表的项目特征及在不同年级上的项目功能差异检验，为后续研究更好地使用儿童自恋量表提供进一步的依据。

问题二：自恋的儿童具有攻击性吗？

以往针对成人自恋与攻击行为的研究发现，自恋与威胁情境的作用会导致攻击行为，这一结果符合自我威胁论的观点。那么，将样本推至儿童群体上，自恋的儿童具有攻击性吗？Dodge 在《儿童心理学手册》中提出小学阶段的攻击出现形式与功能上的转换，在这一年龄阶段，区分开反应性攻击和主动性攻击是非常重要的。并且，该阶段儿童攻击的导火索主要包括感知到的对自我的威胁和侮辱（Dodge, Coie, & Lynam, 2006）。也就是说，深入将主动性与反应性两种攻击形式进行区分，能更好地了解攻击行为的本质与机制。研究一采用关系研究来探讨儿童自恋人格与主动性攻击和反应性攻击的关系，通过多质多法获得攻击行为客观指标来回答儿童自恋人格对主动性攻击的预测作用更强还是对反应性攻击的预测作用更强。

自我威胁理论认为一个自我概念膨胀或过分积极的人，在遇到自我概念受到威胁时会表现出攻击行为。虽然研究一从问卷的角度验证了自恋与反应性攻击的关系，但是，通过实证研究进行探讨会进一步验证结果的有效性和丰富性。研究二采用童年中期儿童作为被试群体，对实验设计进行改进，为验证经典自我威胁理论，从直接威胁的角度探讨不同自恋水平儿童的攻击行为，并对威胁情境进行严格的操纵。由于在自恋的内涵中，高度依赖他人评价是其中一个重要的方面（Morf & Rhodewalt, 2001; Thomaes et al., 2013），自恋儿童的自我经常卷入人际互动中的评价情境之中（Thomaes, 2008）。表扬与威胁在效价上有很大差异，但与自我密切相关（Tracy & Robins, 2004）。研究二将积极反馈情境纳入进来进行操纵探讨。一项元分析发现表扬对儿童的自我评价具有中等效应量的积极作用（高爽、张向葵，2016）。因此，研究二在研究一的基础上采用实验研究，将儿童分为高自恋和低自恋两组，来探讨不同情境下儿童自恋对攻击行为的影响，设置实验情境时在控制组的基础上纳入积极反馈组的操纵，来深入探讨不同情境的影响，是否威胁情境仍起到较大的作用。

与成人自恋人格内涵"获得特权和支配地位"特征相似，儿童的自恋人格具有相关特征（Morf & Rhodewalt, 2001; Thomaes & Brummelman, 2015）。自恋的儿童在社会互动中企图占支配地位，对他人施压并渴望获得钦佩，更在乎关系中地位的比较。一项针对儿童自恋、欺负行为和社会支配地位的追踪研究发现，自恋的儿童具有高支配地位的欺负行为更多（Reijntjes et al., 2016）。虽然欺负行为属于攻击行为的一个亚型，但仍与攻击行为具有不同的内涵。Thomaes 等人（2008）研究发现，儿童在自我威胁状态下，其自我评价的动态变化与所处地位具有密切关系。在与同伴交往中，由于自恋概念本身包括享有特权的特征,这就导致面临高社会支配地位的儿童其自我威胁感将增强。那么,自恋儿童在不同地位威胁的情境下,其攻击行为会有何影响?研究三在研究二的基础上将威胁来源深入划分,同时亦将儿童分为高自恋和低自恋两个水平,来深入探讨在不同地位威胁下儿童自恋人格对攻击行为的影响。

问题三:自尊在儿童自恋人格与攻击行为之间起到怎样的作用?

威胁直指个体的自我价值,关于自我的负面反馈会使人们对当前的自我感受和理想的自我感受产生差异(Vandellen et al.,2011)。研究者们在探讨自恋与攻击行为的关系时,在考虑到情境变量的同时,亦逐渐将视角拓展到自我观的另一成分——自尊的影响。那么,自尊在高地位威胁下高自恋儿童与攻击行为之间起到怎样的作用呢?面具模型与自我威胁理论都曾强调自尊在自恋与攻击行为之间的作用,但二者有一点分歧:面具模型强调低自尊导致自恋个体产生更多攻击行为(Baumeister,2000),而自我威胁理论则认为高自尊导致自恋个体产生攻击行为(Zeigler-Hill & Besser,2013)。有鉴于此,研究四在先前研究的基础上考察状态自尊和内隐自尊在高地位威胁下高自恋儿童与攻击行为的作用,更全面地探讨二者所起到的调节作用及作用方向。

基于社会计量器理论和面具模型以及先前实证研究结果,本研究预期,在高地位威胁情境下,低状态自尊和低内隐自尊对自恋与攻击行为的关系作用更强。那么,如果在威胁情境下给予高自恋儿童提升自尊的操纵,是否会通过此起到缓冲攻击行为的作用呢?基于此,对高地位威胁下的高自恋儿童进行自我肯定能否对攻击行为起到缓冲作用?为了进一步回答这一问题,研究五针对高地位威胁下的高自恋儿童,采用自我肯定实验范式进行操纵,并先后测量前后两次攻击行为指标,来深入探讨自我肯定的缓冲作用是否有效。此外,为更好监测因变量指标在实验操纵前后的变化,研究五纳入了对唾液皮质醇浓度的测量作为生理指标,通过反应压力水平的变化,来反映儿童攻击行为的变化。

2.3 总体研究设计

本研究拟用一个预研究和五个正式研究对以上问题进行探讨,其中预研究针对儿童自我观进行描述分析,并探讨儿童自恋量表的适用性,为后续研究提供基础;研究一采用关系研究探讨童年中期儿童自恋人格分别与主动性攻击和反应性攻击的关系;研究二在研究一的基础上采用实证研究的方法探讨三种不同情境下，两组高、低自恋儿童自恋人格对攻击行为的影响；研究三在研究二的基础上，进一步将威胁情境划分为高地位威胁和低地位威胁，来探讨不同威胁地位和不同自恋水平对攻击行为的影响；根据先前的研究结果，研究四探讨在高地位威胁情境下，状态自尊和内隐自尊分别在自恋与攻击行为关系中起到的调节作用；研究五在研究四的基础上采用自我肯定的操纵，分别选取行为指标和生理指标作为因变量，探讨自我肯定操纵对攻击行为的缓冲作用。

本研究总体框架如图 2-1 所示。

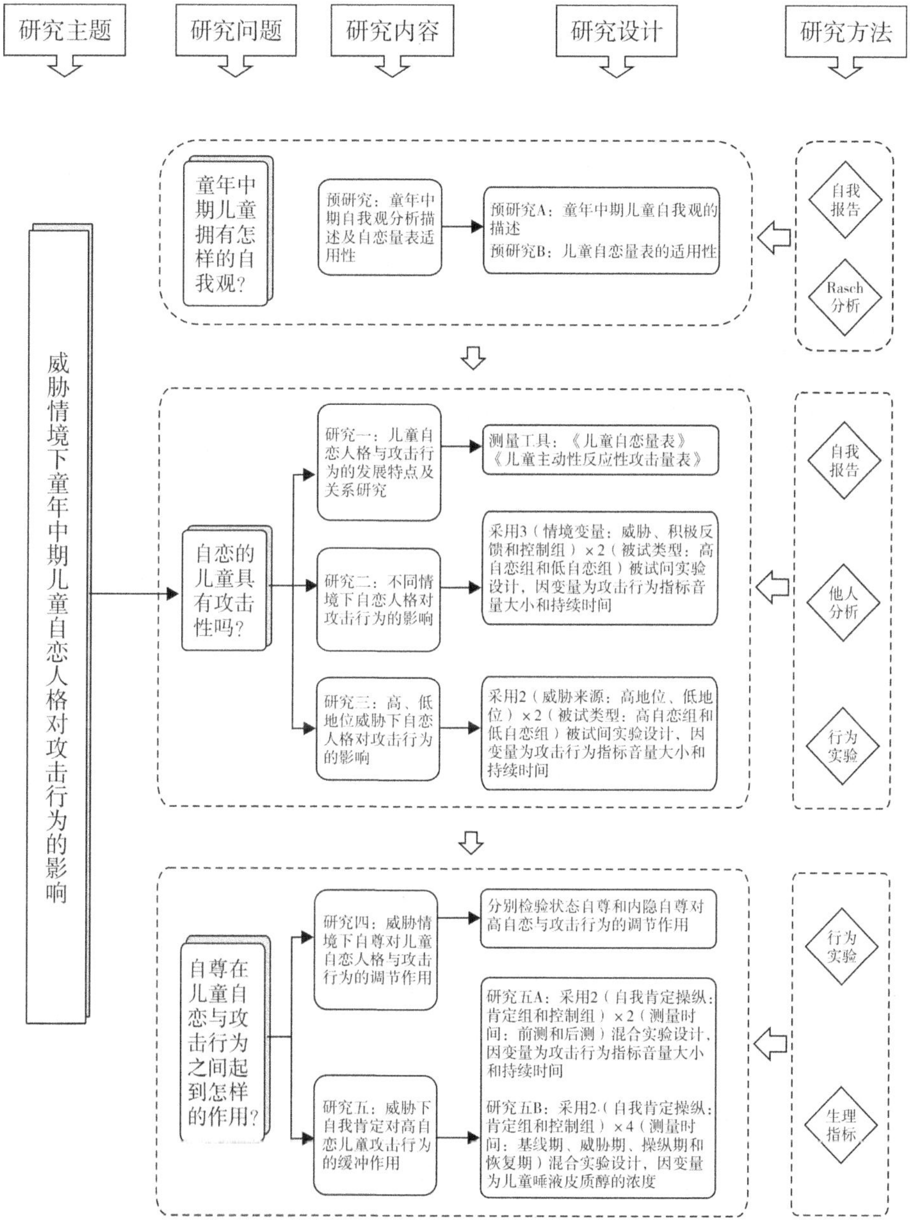

研究主题
研究问题
研究内容
研究设计
研究方法
童年中期儿童拥有怎样的自我观?
预研究：童年中期自我观分析描述及自恋量表适用性
预研究A：童年中期儿童自我观的描述
预研究B：儿童自恋量表的适用性
自我报告
Rasch分析
威胁情境下童年中期儿童自恋人格对攻击行为的影响
自恋的儿童具有攻击性吗?
研究一：儿童自恋人格与攻击行为的发展特点及关系研究
测量工具：《儿童自恋量表》《儿童主动性反应性攻击量表》
研究二：不同情境下自恋人格对攻击行为的影响
采用3（情境变量：威胁、积极反馈和控制组）×2（被试类型：高自恋组和低自恋组）被试间实验设计，因变量为攻击行为指标音量大小和持续时间
研究三：高、低地位威胁下自恋人格对攻击行为的影响
采用2（威胁来源：高地位、低地位）×2（被试类型：高自恋组和低自恋组）被试间实验设计，因变量为攻击行为指标音量大小和持续时间
自我报告
他人分析
行为实验
自尊在儿童自恋与攻击行为之间起到怎样的作用?
研究四：威胁情境下自尊对儿童自恋人格与攻击行为的调节作用
分别检验状态自尊和内隐自尊对高自恋与攻击行为的调节作用
研究五：威胁下自我肯定对高自恋儿童攻击行为的缓冲作用
研究五A：采用2（自我肯定操纵：肯定组和控制组）×2（测量时间：前测和后测）混合实验设计，因变量为攻击行为指标音量大小和持续时间
研究五B：采用2（自我肯定操纵：肯定组和控制组）×4（测量时间：基线期、威胁期、操纵期和恢复期）混合实验设计，因变量为儿童唾液皮质醇的浓度
行为实验
生理指标

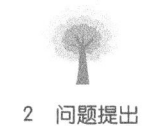

图 2－1　本研究总体框架

2.4 研究的意义

2.4.1 理论意义

儿童攻击行为是发展心理学领域的研究热点之一，儿童早期表现出的具有个体差异的攻击行为在其整个一生都具有较高的稳定性，个体早期的攻击行为具有预测作用，对日后的攻击及犯罪等不良社会行为具有较强的预测性。本研究以童年中期儿童为研究样本，探讨自恋与攻击行为在不同年龄阶段的关系，兼顾了连续性与稳定性的发展视角；探讨在威胁情境下自恋对攻击行为的影响，在验证理论模型的基础上，又进一步细化威胁的操纵，丰富和扩充了该领域的研究。在探讨内在机制上，分别从自尊的两种模式，即外显自尊和内隐自尊展开；在外显自尊层面上，纳入具有社会调节器功能的状态自尊，对调节机制进行深入思考，来验证自尊对自恋与攻击行为的关系是符合面具模型还是自我威胁理论。在此基础上，采用行为指标与生理指标结合的方式，从多变量角度探讨自我肯定操作是否对高威胁下高自恋儿童的攻击行为起到缓冲作用，进一步为该领域研究提供了干预性参考，拓展了该领域研究层面。

2.4.2 实践意义

探讨儿童自恋人格与攻击行为的关系具有较高的实践意义，本研究通过关系研究探讨儿童自恋对主动性攻击和反应性攻击的预测作用，并在实验室研究中，深入细化探讨威胁情境下自尊在自恋与攻击行为中起到的重要作用。在此基础上，通过自我肯定降低儿童的自恋性攻击。童年中期是儿童自我观塑造的重要时期，并且对攻击行为具有重要的影响。目前，在家庭和学校中，家长和老师对此认识不足，未能很好地掌握儿童自我观与攻击行为的发展规律及内在机制。本研究为家长和教师针对儿童的自恋性攻击提供了指导和对策，从心理干预方面有利于针对儿童或青少年早期的不良行为进行干预，正确培养儿童对自恋、自尊等方面的认知。通过培养儿童真实的自我观，帮助儿童表达合适的情感，使个体在与别人发生冲突时能正确处理自我感受到的威胁等，以减少个体在自恋人格形成过程中适应不良行为的产生，促进个体的社会化发展。

2.5 创新性

在研究样本上，本研究将研究视角提前至自恋人格形成的初始阶段——童年中期。通过了解童年中期儿童自恋人格形成之时其自我观的描述，并深入探讨该阶段自恋人格对攻击行为的影响，为降低日后不良行为的发生起到更好的预防性作用。

在研究工具上，探索并分析儿童自恋量表在中国的适用性，并在经典测量理论基础之上，采用项目反应理论的 Rasch 分析，应用 Conquest 2.0 软件进行模型拟合的数据处理，并使用 R 软件中的"Lordif"程序包深入探讨该量表的项目特征以及项目功能差异检验，为后续研究提供更重要的工具性支持。

在研究方法上，为客观获得儿童攻击行为指标，采用多质多法获得攻击行为数据。此外，为了更为客观地描述攻击行为的状态性变化，采用生理指标唾液皮质醇来探讨儿童自恋人格对攻击行为影响的生理机制。

在研究理论上，以自我威胁理论为基础，探究不同威胁下童年中期自恋人格对攻击行为的影响。此外，为深入探究自尊在二者之间关系所起的作用，解决并证明不同理论观点的冲突所在，以降低儿童自恋性攻击行为。

在实践上，根据研究结果，人们对儿童自我观，包括自恋和自尊以及与攻击行为的关系有了更好的认识。童年中期是通过改变儿童自我观来干预攻击行为的关键时期，为当前儿童的心理健康教育提供了重要的实践参考。

3 预研究：童年中期儿童自我观分析描述及自恋量表适用性

预研究分为两个子研究，其中预研究 A 采用描述问卷的方式探究童年中期阶段儿童拥有怎样的自我观，儿童如何对自我进行描述，并分别采用儿童自评和主试他评的方式对儿童的自我描述进行积极、中性和消极的评价，探索该阶段下儿童对自我描述持积极更多或是消极更多或是中性更多。预研究 B 在经典测量理论的基础上，采用项目反应理论的特例——Rasch 模型进行分析，探讨该量表的项目特征及在不同年级上的项目功能差异检验，为后续研究更好地使用儿童自恋量表提供进一步的依据。

3.1 预研究 A 童年中期儿童自我观的描述

3.1.1 研究目的

探讨童年中期儿童对自我描述的效价评价是否更为积极。

3.1.2 研究方法

3.1.2.1 被试

随机选取哈尔滨市某小学三、四年级学生作为研究对象，经家长和教师同意后参加本项目，有效被试 92 名（平均年龄 $M = 9.02$，$SD = 0.37$），男生占比为 46.1%。

3.1.2.2 研究设计

于 2017 年 10 月对随机抽取的班级进行现场施测。数据收集具体分为两个步骤：第一步为儿童进行自我描述评价，要求儿童对自我的描述进行效价评价,获得一个得分,为自评效价得分。第二步为避免儿童自我效价评价的主观性,采用统一的研究生主试进行他评,再获得一个得分,为他评效价得分。

3.1.2.3 材料

采用 Kuhn 和 McPartland 编制的自我陈述测验(Twenty Statement Test, TST,一种开放式自我概念测量工具),问题是"我认为我自己是一个什么样的人"。Rhee 等人对此进行不同编码分类,在中文版本的使用上具有良好的信效度(符明秋,2000;孜维达·阿不都克里木,2014)。根据研究需要,本研究在使用中对每个自我描述的效价进行编码,即积极的、中性的和消极的评分。

3.1.2.4 统计方法

采用 Excel 对数据进行初步的整理和编码,并使用 SPSS 21.0 软件进行统计分析。

3.1.3 结果分析

图 3-1 为儿童对自我评价不同效价的百分比,其中柱形图左侧为他评的分数,右侧为自评的分数。结果显示,无论是来自儿童的主观自评 $[\chi^2(2) = 29.61, p < 0.001]$,还是基于主试的客观他评 $[\chi^2(2) = 159.83, p < 0.001]$,儿童对自我都表现出更积极的自我观,其对自我的评价更为积极。

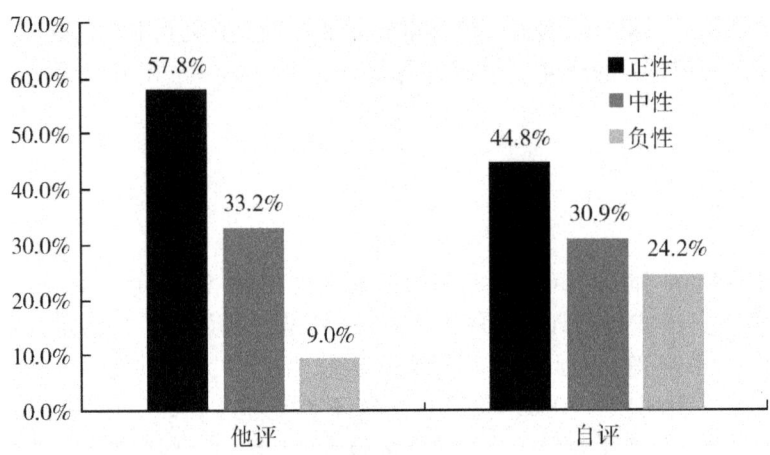

图 3-1 儿童自我观描述的他评和自评效价

表 3-1 为儿童自我观描述词及百分数，按照统计结果的频率从高到低进行排序如下。

表 3-1 儿童自我观描述词及百分数

自我描述	百分数	自我描述	百分数	自我描述	百分数	自我描述	百分数
马虎	6.71%	爱美	1.34%	爱数学	0.45%	心理能力强	0.22%
贪玩	6.49%	任性	1.12%	胆小	0.45%	心软	0.22%
好学	6.04%	诚实	1.12%	勇敢	0.45%	笨手笨脚	0.22%
开朗	6.04%	好奇心	1.12%	有想象力	0.45%	学习不好	0.22%
懒惰	4.92%	淘气	0.89%	人际好	0.45%	不擅长考试	0.22%
暴躁	4.92%	细心	0.89%	尊重	0.22%	冷静	0.22%
粗心	3.13%	骄傲	0.89%	美丽	0.22%	懂事	0.22%
善良	3.13%	爱运动	0.89%	粗暴	0.22%	安静	0.22%
温柔	3.13%	爱哭	0.89%	细心	0.22%	爱照相	0.22%
可爱	2.91%	爱干净	0.89%	脾气	0.22%	不爱照相	0.22%
勤劳	2.68%	礼貌	0.89%	友好	0.22%	勤思	0.22%
乐于助人	2.46%	幽默	0.67%	强势	0.22%	不爱上学	0.22%
爱生气	2.24%	天真	0.67%	小气	0.22%	公正	0.22%
活泼	2.01%	有梦想	0.67%	笑点低	0.22%	爱国	0.22%

续上表

自我描述	百分数	自我描述	百分数	自我描述	百分数	自我描述	百分数
积极	2.01%	喜欢动物	0.67%	阴暗	0.22%	谦虚	0.22%
聪明	1.79%	挑食	0.67%	无主见	0.22%	独立	0.22%
爱读书	1.79%	内向	0.45%	不诚实	0.22%	动作慢	0.22%
贪吃	1.57%	可爱	0.45%	浪费	0.22%	脆弱	0.22%
勤快	1.57%	字迹难看	0.45%	写字慢	0.22%	有爱心	0.22%
大方	1.57%	爱画画	0.45%	严格	0.22%	有耐心	0.22%
快乐	1.34%	友好	0.45%	爱笑	0.22%	乐观	0.22%
认真	1.34%	有梦想	0.45%	阳光	0.22%	害羞	0.22%
勤奋	1.34%	强壮	0.45%	自信	0.22%	与众不同	0.22%

3.2 预研究 B 儿童自恋量表的适用性

3.2.1 研究目的

探索儿童自恋量表的适用性，为后续研究使用提供依据。

3.2.2 研究方法

3.2.2.1 被试

随机选取哈尔滨某小学二、三、四年级的儿童作为研究对象，经家长和教师同意后参加本项目。被试年龄范围在 8～10 岁（平均年龄 $M = 9.07$ 岁，$SD = 0.43$），最后获得有效被试 719 名，男生占比为 50.6%。

3.2.2.2 研究设计

于 2017 年 3 月对随机抽取的班级进行现场施测。

3.2.2.3 材料

采用 Thomaes 等人 2008 年编制的儿童自恋量表来测量儿童的自恋水平,该量表由 10 道题构成,如"我觉得与众不同很重要",要求儿童根据真实情况选出符合自己的选项。量表采用 Likert 四点计分,分数越高代表儿童的自恋水平越高。该量表在荷兰、美国等儿童被试群体上具有良好的信效度(Thomaes et al., 2008)。

3.2.2.4 统计方法

研究采用 SPSS 21.0 进行数据分析,应用 Conquest 2.0 软件进行模型拟合的数据处理,采用 R 3.0.1 软件中的"Lordif"程序包进行 DIF 分析。

3.2.3 结果分析

3.2.3.1 探索性和验证性因素分析

本研究中该量表的 Cronbach α 系数为 0.84。验证性因素分析表明,儿童自恋量表的十个项目,其测量的是同一潜在变量,结果显示,模型拟合较好:$x^2/df = 2.02$,RMSEA = 0.07,CFI = 0.92,TLI = 0.94。

3.2.3.2 项目反应理论之 Rasch 分析

(1) 单维性检验。采用 Rasch 模型对量表进行分析时有一个前提:量表具有单维性(Roth et al., 2008)。如果第一因子特征根与第二因子特征根的比值接近或大于 3,则说明该量表具有单维性(Hambleton & Swamniathan, 1985)。本研究对儿童自恋量表的数据进行主成分分析发现,第一因子的特征根与第二个因子的特征根的比值为 3.154(见表 3-2),说明数据基本满足单维性的要求,因此适合 Rasch 模型分析。

3 预研究：童年中期儿童自我观分析描述及自恋量表适用性

表 3-2 单维性检验

因子	第一因子特征根	第二因子特征根	两特征根比值
自恋儿童量表	4.526	1.435	3.154

（2）难度。从表 3-3 中的项目估计值发现，各项目的难度分布在 -0.563~0.464 之间（平均难度设定为 0），图 3-2 表示被试的自恋水平与项目难度的对应关系。结合表 3-3 难度估计值，由图 3-2 可知，儿童自恋量表的项目对于中等及偏高水平自恋的被试提供的信息量最大，更适用于高自恋儿童的测量。

表 3-3 模型拟合度参数

项目	难度估计值	标准误	Infit			Outfit		
			MNSQ	CI	T	MNSQ	CI	T
1	-0.497	0.029	1.03	0.89 1.11	0.6	1.02	0.92 1.08	0.6
2	0.396	0.032	1.16	0.90 1.10	3.0	1.19	0.88 1.12	3.0
3	0.231	0.031	1.07	0.90 1.10	1.2	1.09	0.89 1.11	1.5
4	0.464	0.033	1.34	0.89 1.11	5.8	1.30	0.87 1.13	4.3
5	-0.563	0.029	1.02	0.89 1.11	0.4	1.02	0.92 1.08	0.4
6	-0.425	0.029	0.93	0.89 1.11	-1.3	0.92	0.92 1.08	-2.0
7	0.042	0.03	1.06	0.89 1.11	1.1	1.08	0.90 1.10	1.5
8	0.05	0.03	0.87	0.89 1.11	-2.4	0.88	0.9 1.10	-2.5
9	0.399	0.032	0.87	0.89 1.11	-2.5	0.89	0.88 1.12	-1.8
10	-0.097*	0.092	0.85	0.89 1.11	-2.9	0.85	0.91 1.09	-3.4

注：*代表什么？

```
                   -------------------------------------
                                X|4                    |
                                 |2 9                  |
                                X|                     |
                                X|3                    |
                                X|                     |
                                X|                     |
                                X|7 8                  |
             0               XX  |                     |
                             XX  |10                   |
                            XXX  |                     |
                           XXXX  |                     |
                           XXXX  |                     |
                          XXXXX  |                     |
                          XXXXX  |                     |
                          XXXXX  |6                    |
                          XXXXX  |1                    |
                        XXXXXXX  |                     |
                        XXXXXXX  |5                    |
                       XXXXXXXX  |                     |
                        XXXXXXX  |                     |
                     XXXXXXXXXX  |                     |
                       XXXXXXX   |                     |
                      XXXXXXXX   |                     |
                     XXXXXXXXX   |                     |
                        XXXXXX   |                     |
                        XXXXXX   |                     |
                         XXXXX   |                     |
                           XXX   |                     |
                          XXXX   |                     |
                            XX   |                     |
                            XX   |                     |
                            XX   |                     |
                             X   |                     |
                             X   |                     |
                             X   |                     |
                             X   |                     |
                             X   |                     |
            -2                   |                     |
                   -------------------------------------
```

图 3-2　项目难度与自恋特质分布

(3) 模型拟合度。在 Rasch 模型中，加权残差均方（Infit MNSQ）和残差均方（Outfit MNSQ）常用来评价项目的 χ^2 拟合指标，其中 Outfit MNSQ 是残差的均方，Infit MNSQ 指标指的是通过加权（以方差为加权系数）后获得的残差均方。根据 Wright 和 Linacre（1994）的建议：凡是 0.6 < MNSQ < 1.4 时，可见十个项目的拟合效果均良好，通过 Rasch 模型分析发现，儿童自恋量表十个项目的 Infit MNSQ 及 Outfit MNSQ 指标良好，具体见表 3 - 3。

(4) 年级的项目功能差异检验。为探讨不同年级被试群体在使用儿童自恋量表上的差异，本研究进一步进行项目功能差异检验，项目功能差异检验是指来自两个不同团体但心理特质水平相等的人选择某项目同一选项的概率不等（涂冬波、戴海琦，2007），即项目对于不同团体的人具有不同的测量功能。通过 Lord 卡方检验法计算项目参数差异的大小来判断该题目是否具有项目功能差异，采用 R 软件中程序包 "Lordif" 进行 DIF 分析，对不同年级的被试在各项目上的差异进行项目功能差异检验（Choi, Gibbons, & Crane, 2011；余跃等, 2016），χ^2_{13} 为总 DIF 检验指标，小于 0.05 为存在 DIF，其中项目 10 为参照题，一般不予考虑（Choi, Gibbons, & Crane, 2011）。根据结果，由表 3 - 4 可知，项目 3（"班级如果少了我会失去很多乐趣"）和项目 6（"我很容易让别人同意我的想法"）存在 DIF，即在这两个项目上，年级差异导致儿童自恋水平不同。

表 3 - 4 项目功能差异分析检验

项目	no. cat	χ^2_{12}	χ^2_{23}	χ^2_{13}
1	4	0.610	0.909	0.882
2	4	0.279	0.908	0.602
3	4	0.002	0.278	0.004
4	4	0.955	0.482	0.817
5	4	0.225	0.304	0.252
6	4	0.002	0.909	0.015
7	4	0.830	0.755	0.920
8	4	0.130	0.352	0.187
9	3	0.053	0.681	0.155
10	4	0.729	0.181	0.399

3.3 讨论

预研究探索了儿童自我观，结果发现，该阶段儿童对自我持更积极的看法，无论是儿童主观自评或是主试客观他评，结果都呈现出儿童对自我的评价持更多的积极观。这一结果与西方文化背景下的结果相一致（Gentile, Twenge, & Campbell, 2010; Thomaes, Brummelman, & Sedikides, 2017）。自恋的许多特征出现于童年中期，包括高度的自我意识、对获得人际认同的高度关注、使用印象管理策略创造积极自我观点的倾向等（Thomaes et al., 2009）。从 7 岁或 8 岁开始，儿童对自我的评价变得更加真实，尽管一些儿童能够发展出真实的自我评价，但部分儿童仍存在膨胀夸大的自我观。这个年龄的儿童开始建立基于社会比较的自我观，对自我的评价纳入越来越多社会比较的内容，逐渐认识到事物相互对立的特性，而自恋人格形成于个体成年以前，约在 7 岁或 8 岁（Bardenstein, 2009; Barry, Frick, & Killian, 2003; Thomaes et al., 2008）。在实证研究方面，Frick 等人（2000）早期的研究表明自恋在个体 8 岁时形成并可以进行测量，对临床和社区样本进行人格问卷调查发现，童年中期的儿童与青少年已经形成了比较稳定的、可进行重复测量的自恋人格。

此外，自恋儿童会真实地报告其具有自恋水平吗？研究者指出童年自恋测量得分成正偏态分布，可能是因为有自恋特质的青少年不承认或不认同他们的自恋特质；他们会担心认同这种特质会给他人留下负面印象（刚开始做自恋研究时，研究假设这种可能性的存在）。但是，这样的质疑似乎毫无必要。童年自恋是正态分布的特征，且不受测量方法、年龄（8～18 岁）、被试类型的影响（Barry & Wallace, 2010）。此外，儿童与青少年的自恋与社会赞许的标准测量无关，这表明基于社会赞许和印象管理的担忧并不会使儿童和青少年不报告自身的自恋特质（Thomaes et al., 2008）。项目反应理论（IRT）在克服经典测量理论（CTT）不足的基础上，发展出来广泛应用在人格、教育及能力等测量中的测量方法，并广泛应用在人格、教育及能力等测量中。Rasch 模型（Rasch Model）以数据与模型的拟合为前提，对个体能力值和项目难度进行对数转换，建立了一个等距的刻度衡量测试题的难度和个体能力，通过这种方法可以克服传统测量方法中对样本和测验的依赖（Wright, 2000；刘昊、刘肖岑、冯晓霞, 2013）。Rasch 模型是目前 IRT 领域中最简化的模型（reduced model），需要估计的参数最少，因而参数估计稳定性及精度往往比复杂的模型（如专家提到的用于人格测验的 GGUM 模型等）更高（晏子，2010），因此为了得到更精确的参数估计结果是本研究选用 Rasch 模型的重要考量之一。此外，与其他 IRT 模型相比（如 2PLM、3PLM 或 GGUM），Rasch 模型有其自身独特的优势，即项目难度参数 b 是等距量表（interval scale）。通过探索性因素分析、验证性因素分析和 Rasch 分析的指标，均显示儿童自恋量表具有较好的信效度，并适用于中国的儿童群体，为后续研究的量表使用提供了依据。

3.4 结论

童年中期的儿童对自我持有更为积极的评价，儿童自恋量表在童年中期被试群体下具有良好的适用性，为后续研究的量表使用提供了更好的依据。

4 研究一：儿童自恋人格与攻击行为的发展特点及关系研究

4.1 研究目的与研究假设

研究一以童年中期（小学二至四年级儿童）为被试群体，特别关注儿童自恋人格形成之时这一特殊时期下自恋与攻击行为的关系。在自恋人格测量上，采用 Thomaes 等人（2009）编制的针对儿童被试群体的自恋人格量表，通过前期的探索，包括预研究中项目反应理论的 Rasch 分析，解决儿童自恋人格测量适用性的问题。在攻击行为的测量上，采取多质多法的方式，通过三方评价获取，包括父母评定、教师评定和同伴提名。并且，在综合考虑儿童发展阶段的年级和性别差异方面进一步探讨二者的关系。随着认知能力的发展，儿童在小学阶段其攻击行为逐渐下降。但这种攻击行为更多倾向于主动性攻击，从而忽视了该时期主动性攻击逐渐减少、反应性攻击逐渐增多这一现象（陈亮等，2011；赵冬梅等，2009）。在发生、发展与影响因素等方面，主动性攻击和反应性攻击均表现出差异，大约15%的儿童具有主动性攻击行为，而将近33%的儿童表现出反应性攻击（Dodge et al., 1997）。

基于上述研究目的，本研究假设如下：
（1）儿童自恋人格与主动性攻击可能存在正向相关。
（2）儿童自恋人格与反应性攻击可能存在正向相关。
（3）儿童的自恋人格与反应性攻击在年级的发展上可能存在显著性差异，随着年级增长，儿童自恋和反应性攻击呈升高趋势。
（4）儿童的自恋人格与反应性攻击在性别因素上可能存在显著性差异，均体现在男生要高于女生。

4.2 研究方法

4.2.1 被试

随机选取某小学二、三、四年级学生作为初始研究对象，经家长和教师同意后参加本项目。攻击性测量选用父母、教师和同伴他评三种方式，在初测中，受社会赞许性影响，父母对孩子的评价具有一定的主观性和感情色彩，因此父母部分测量结果效度较低，而教师评定与同伴提名是评价儿童攻击行为的有效工具。因父母评定与此存在一定的差距，故在本研究中该指标不予采用。被试年龄范围在 8~10 岁（平均年龄 $M=9.07$ 岁，$SD=0.43$），最后获得有效被试 719 名，男生占比为 50.6%，被试基本情况见表 4-1。

表 4-1 被试基本情况

年级	年龄（岁）		性别（人）		总计（N）
	平均数	标准差	男生	女生	
二年级	8.14	0.38	115	110	225
三年级	9.01	0.35	107	98	205
四年级	9.92	0.53	142	147	289

4.2.2 研究设计

于 2017 年 3 月对随机抽取的班级进行现场施测。

4.2.3 材料

4.2.3.1 儿童自恋量表

采用 Thomaes 等人（2008）年编制的儿童自恋量表来测量儿童的自恋水平，该量表由 10 道题构成，如"我觉得与众不同很重要"，要求儿童根据真实的情况选出符合自己的选项。量表采用 Likert 四点计分，分数越高代表儿童的自恋水平越高。本研究中该量表的 Cronbach α 系数为 0.84。验证性因素分析表明，这个项目测量的是同一潜在变量，结果显示，模型拟合较好：x^2/df = 2.02，RMSEA = 0.07，CFI = 0.92，TLI = 0.94。

4.2.3.2　自尊量表

采用 Rosenberg 于 1965 年编制的自尊量表，是个体对自己整体自尊的自我报告测量工具，是目前自尊研究领域中使用最广泛的工具。该量表包含 10 个项目，其中有 5 个项目为正向计分题，如项目 7：整体而言，我对自己感到很满意；另外 5 个项目为反向计分题，如项目 10：我有时认为自己一无是处。该量表采用 Likert 四点计分，得分越高，表明个体的自尊水平越高。本研究中该量表的 Cronbach α 系数为 0.86。验证性因素分析表明，模型拟合较好：x^2/df = 1.96，RMSEA = 0.08，CFI = 0.94，TLI = 0.92。

4.2.3.3　儿童主动性反应性攻击量表（教师评定）

采用 Dodge 和 Coie（1987）编制的教师评定问卷测量儿童的主动性攻击和反应性攻击。其中，主动性攻击包含 3 个项目，如经常召集其他同学一起去攻击别人；反应性攻击包含 3 个项目，如被取笑时很容易激怒，会反击。得分越高，表明儿童某一类攻击行为水平越高。主动性攻击和反应性攻击的 Cronbach α 系数分别为 0.82 和 0.81。验证性因素分析表明，模型拟合较好：x^2/df = 2.92，RMSEA = 0.07，CFI = 0.91，TLI = 0.91。

4.2.3.4　儿童主动性反应性攻击问卷（同伴提名）

同伴提名问卷是由 Dodge 和 Coie（1987）的教师版主动性反应性攻击问卷改编而来，在进行施测时以班级为单位，让被试对班级中最符合题目描述特征的同学进行提名，其中 3 个项目测量主动性攻击，3 个项目测量反应性攻击。正式施测中，给儿童提供一份班级名单表，要求儿童在每个项目上进行提名，并在班级内标准化。主动性攻击和反应性攻击的 Cronbach α 系数分别为 0.82 和 0.81。验证性因素分析表明，模型拟合较好：x^2/df = 3.63，RMSEA = 0.06，CFI = 0.91，TLI = 0.92。

4.2.4 统计方法

采用 Foxbase 2.0 完成教师评价和同伴提名的初步数据录入和整理，使用 SPSS 21.0 进行统计分析。

4.3 结果分析

4.3.1 不同年级和性别儿童自恋与攻击行为得分的描述统计

表 4-2 为不同年级下儿童自恋、自尊和攻击行为得分的描述统计量及差异分析，由此可知，不同年级的儿童自恋水平差异显著 [$F(2, 716) = 3.95, p < 0.05, \eta^2 = 0.01$]，事后检验（Bonferroni Test）结果表明，三年级儿童的自恋水平（$M = 0.91$）要高于四年级儿童（$M = 0.89$）和二年级儿童（$M = 0.85$）。在自尊得分上，不同年级儿童的自尊水平表现出显著性差异 [$F(2, 716) = 6.01, p < 0.01, \eta^2 = 0.02$]，事后检验结果表明，三年级儿童的自尊水平（$M = 2.80$）要高于四年级儿童（$M = 2.61$）和二年级儿童（$M = 2.54$）。在教师评定的反应性攻击得分上，不同年级儿童差异显著 [$F(2, 716) = 11.81, p < 0.05, \eta^2 = 0.03$]，随着年级的增长，儿童的反应性攻击逐渐升高，事后检验结果发现，四年级儿童的攻击行为（$M = 1.64$）要显著高于三年级儿童（$M = 1.41$）和二年级儿童（$M = 1.31$）。

表 4-2 不同年级儿童自恋、自尊和攻击行为得分的
描述统计量（$M \pm SD$）及差异分析

描述	二年级 ($n = 225$)	三年级 ($n = 205$)	四年级 ($n = 289$)	F
自恋	0.85 ± 0.47	0.91 ± 0.45	0.89 ± 0.41	3.95*
自尊	2.54 ± 0.86	2.80 ± 0.68	2.61 ± 0.67	6.01**
主动性攻击（同伴提名）	0.17 ± 0.34	0.18 ± 0.44	0.16 ± 0.23	0.01
反应性攻击（同伴提名）	0.19 ± 0.46	0.19 ± 0.26	0.21 ± 0.25	0.01

续上表

描述	二年级 ($n=225$)	三年级 ($n=205$)	四年级 ($n=289$)	F
主动性攻击（教师评定）	1.16 ± 0.33	1.17 ± 0.39	1.18 ± 0.51	0.11
反应性攻击（教师评定）	1.31 ± 0.49	1.41 ± 0.62	1.64 ± 0.47	11.81**

注：*$p<0.05$，**$p<0.01$，***$p<0.001$，以下同。

由表4-3可知，在儿童自恋水平得分上，性别的差异显著 [$t(718)=3.95$，$p<0.05$，$d=0.11$]，女生自恋得分要显著高于男生；儿童自尊水平的性别差异显著 [$t(718)=6.01$，$p<0.05$，$d=0.08$]，女生的自尊水平要高于男生；在教师评定下，反应性攻击性别差异显著 [$t(718)=11.81$，$p<0.05$，$d=0.17$]，相比于男生，女生的反应性攻击更高。

表4-3 不同性别儿童自恋与攻击行为得分的描述统计量（$M±SD$）及差异分析

描述	男生（$n=367$）	女生（$n=352$）	t
自恋	0.89 ± 0.52	0.94 ± 0.47	3.95*
自尊	2.62 ± 0.78	2.68 ± 0.68	6.01**
主动性攻击（同伴提名）	0.17 ± 0.34	0.18 ± 0.44	0.01
反应性攻击（同伴提名）	0.19 ± 0.46	0.19 ± 0.26	0.01
主动性攻击（教师评定）	1.16 ± 0.33	1.17 ± 0.39	0.12
反应性攻击（教师评定）	1.31 ± 0.49	1.41 ± 0.62	11.81**

4.3.2 相关分析

采用皮尔逊积差相关考察小学二至四年级儿童自恋、自尊与攻击行为的关联，其中攻击行为的指标包括同伴提名的主动性攻击和反应性攻击、教师评定的主动性攻击和反应性攻击（各变量得分相关见表4-4）。结果显示，儿童自恋与自尊相关显著（$r=0.35$，$p<0.05$），与同伴提名下的主动性攻击相关不显著（$r=0.06$，$p>0.05$），与同伴提名下的反应性攻击得分相关显著（$r=0.09$，$p<0.05$）。在教师评定的方式下，儿童自恋与主动性攻击相关显著（$r=0.25$，$p<0.05$），与反应性攻击得分相关显著（$r=0.43$，

4 研究一：儿童自恋人格与攻击行为的发展特点及关系研究

$p < 0.01$)，并且，自恋与反应性攻击的相关系数高于自恋与主动性攻击的相关系数。

表4-4 自恋、自尊与主动性攻击和反应性攻击得分的相关矩阵

项目	自恋	自尊	主动性攻击（同伴提名）	反应性攻击（同伴提名）	主动性攻击（教师评定）	反应性攻击（教师评定）
自恋	1					
自尊	0.35*	1				
主动性攻击（同伴提名）	0.06	-0.03	1			
反应性攻击（同伴提名）	0.09*	-0.03	0.92**	1		
主动性攻击（教师评定）	0.25*	0.05	0.23**	0.28**	1	
反应性攻击（教师评定）	0.43**	0.09*	0.22**	0.26**	0.67**	1

4.3.3 自恋对攻击行为的预测作用

对基于教师评价所获得的儿童反应性攻击得分进行回归分析，逐步回归的结果（见表4-5）发现，年级对反应性攻击具有显著的预测作用（β = 0.18，$p < 0.001$)；性别对反应性攻击具有显著的预测作用（β = -0.11，$p < 0.05$)。在控制年级和性别两个变量后，自恋对儿童反应性攻击仍具有显著的正向预测作用（β = 0.42，$p < 0.001$)，解释了反应性攻击总变异的21%（$R^2 = 0.21$）。

表4-5 年级、性别、自恋与教师评定反应性攻击的回归分析

项目	预测变量	B	SE	β	t	R^2	F	B的95%置信区间	
								下限	上限
Block1						0.04	13.04***		

续上表

项目	预测变量	B	SE	β	t	R^2	F	B 的95%置信区间	
								下限	上限
	年级	0.17	0.03	0.18	4.77***			0.98	0.24
	性别	-0.12	0.06	-0.11	-2.01*			-0.24	0.01
Block2						0.21	60.19***		
	自恋	0.61	0.05	0.42	12.19***			0.46	0.74

针对同伴评价的反应性攻击得分进行逐步回归分析（见表4-6），结果表明，年级变量无法显著预测反应性攻击（β=0.01，p < 0.05）；性别变量可显著预测反应性攻击（β=-0.26，p < 0.001）。在控制年级和性别两个变量进行第二步回归分析时发现，自恋对儿童反应性攻击具有显著的正向预测作用，并解释了反应性攻击总变异的18%（R^2 = 0.18）。

表4-6 年级、性别、自恋与同伴提名反应性攻击的回归分析

项目	预测变量	B	SE	β	t	R^2	F	B 的95%置信区间	
								下限	上限
Block1						0.07	27.57***		
	年级	0.01	0.04	0.01	0.21			-0.07	0.08
	性别	-0.51	0.06	-0.26	-7.42***			-0.64	-0.37
Block2						0.18	8.69**		
	自恋	0.18	0.06	0.11	2.95**			0.04	0.32

4.4 讨论

本研究采用横断研究的方式，基于自评、教师评定和同伴提名的测量方法，对小学二至四年级儿童的自恋水平、自尊水平及攻击行为（包含主动性攻击和反应性攻击）进行分析。在发展特点上，儿童的自恋水平从二年级至三年级呈上升趋势，三年级至四年级呈轻微下降趋势，即在本研究中三年级儿童自恋水平达到一个峰值，在本研究中三年级儿童的平均年龄在9岁

左右。并且，本研究中儿童的自恋水平低于美国儿童、高于荷兰儿童（Thomaes et al.，2008）。Thomaes（2009）在探讨荷兰与美国儿童自恋水平差异的原因时认为，这种差异受不同文化背景下的自我观影响，美国样本的文化下更强调个人主义、独立性和与众不同（Foster，Campbell，& Twenge，2003）。最新的一项针对中国青少年自恋的研究发现，中国青少年（M_{age} = 13.85）的自恋水平要高于美国文化背景下青少年的自恋水平。并且，在采用相同测量工具的前提下，该研究下青少年的自恋水平要高于本研究中儿童的自恋水平。一方面，这说明在中国文化背景下，年青一代自恋水平呈逐渐升高趋势，这与Cai等人（2012）的研究结果相一致；另一方面，相比于青少年，本研究中小学二至四年级儿童的自恋水平略低，这可能是由于儿童至青少年是个体自恋水平增长的阶段。已有研究发现，个体的自恋水平从童年中晚期至青少年这个阶段逐渐升高，并且在青春期时期个体自恋水平达到顶峰，发展至成人期时自恋水平趋于下降（Foster，Campbell，& Twenge，2003；Twenge et al.，2008）。从8岁以后到青春期，儿童的认知逐渐从具体运算阶段发展到形式运算阶段，逐渐摆脱对具体可感知事物的依赖，思维发展到抽象逻辑推理水平，其对自我的评价在真实的基础上，受各个方面影响较大。尤其在青春期发展过程中，个体的生理、认知和社会性都会发生巨大的变化，而对自我的评价也随之发生变化（Harter，2006）。青少年期个体的自我评价具有情境变化性，即随着情境的不同其自尊水平也随之变化，如在与同伴或父母相处时其自尊水平是不同的。并且，这个时期个体的自我评价具有降低趋势和不稳定性。在自尊水平的发展特点上，研究结果发现，小学二至四年级儿童的自尊水平的发展趋势与自恋的发展趋势相近，表现出二年级至三年级逐步升高，到四年级趋于轻微下降的趋势。整体上自恋与自尊的变化水平并非线性上升，这与以往针对中国儿童自尊水平进行探讨的研究结果相一致。

  研究发现，儿童的主动性攻击和反应性攻击由低年级至高年级呈增长趋势。王姝琼等人（2011）认为同伴评定儿童攻击行为的有效性要高于教师评定，国外研究更多采用教师评定的方法对攻击行为进行测量（Kempes et al.，2005）。本研究无论是基于同伴评定还是基于教师评定的儿童攻击行为，所呈现的结果体现出一致性，即整体上小学二至四年级儿童的主动性攻击行为和反应性攻击行为呈逐渐升高趋势。尤其是儿童的反应性攻击行为，无论是基于哪一种评定方式，在不同年级上都具有显著性差异，随着年级的增长，反应性攻击行为逐渐增多，这与前人的研究结果相一致（Coyne et al.，2011；Murrayclose & Ostrov，2009）。Dodge等人（2006）认为小学生在6~10岁期间，儿童攻击行为的形式和功能在发生变化。在这一年龄段，儿童已经能够在不用攻击策略的情况下实现多数目标。由于前额叶皮层的发展带来了执行能力的提高，儿童已经能够设定目标、制订行动计划，并监测实现目标的进展情况（Barkley et al.，2002）。因此，在这个阶段，攻击行为从主动性攻击占主导转为反应性攻击占主导。攻击行为不再被用来获得或维持对玩具和领地的控制，而更多被用于当自认为存在威胁和人身侮辱时，解决人际关系问题，提升人际关系指数。他们开始认为同伴可能会有意伤害他们，因而越来越有可能采取报复行为，从而导致反应性攻击逐渐增多（Coyne et al.，2011）。

Thomaes等人（2008）在编制儿童自恋量表时，对七个子研究（$N = 2389$）进行性别差异元分析检验时发现，男孩的自恋水平要显著高于女孩。本研究结果与此不一致，造成这种差异的可能原因是Thomaes所采用样本为青少年早期，其年龄偏大于本研究儿童年龄。并且，以往研究多数发现男性个体的自恋水平要高于女性，新近的一项关于自恋性别差异的元分析研究亦证实了该结果（Grijalva et al.，2015）。本研究的结果未能支持该观点，尽管已有研究通过元分析发现，男性的自恋水平比女性的自恋水平要高，但该元分析的结果并不能体现出性别因素在发展过程中的差异性。此外，Zuckerman等人（2016）针对自尊进行性别差异元分析时发现，随着年龄增长至青春期末，自尊水平的性别差异随着年龄增加而升高，在该阶段之后趋于下降。而本研究所采用的样本为小学二至四年级儿童，其处于自恋人格逐渐形成与发展阶段，自恋水平在形成之时的性别差异以及在发展过程中的变化值得在将来的研究中深入探讨。

在基于教师评定的反应性攻击指标上，在性别上存在着显著差异，表现为女生的反应性攻击要高于男生。以往研究结果有两种取向，一种发现是男生反应性攻击水平要高于女生（Reijntjes et al.，2016；Zahn-Waxler，2008），另一种发现是男生与女生之间并没有显著的差异（Connor et al.，2003；Rasmussen，2016）。本研究结果与此产生差异的原因可能是，在探讨攻击功能时，未从攻击形式上进行测量，女生的关系攻击要显著高于男生，很可能女生发生反应性攻击行为时多是以关系攻击的形式进行，从而导致女生的反应性攻击水平要高于男生。此外，一项针对主动性和反应性攻击的双生子研究表明，儿童自我报告的攻击行为在遗传力上存在性别差异，表现为相比女生的攻击行为主要由共享与非共享环境所解释，男生的主动性和反应性攻击更易受到遗传因素的影响（Baker et al.，2008）。

此外，同伴提名方式下主动性攻击和反应性攻击两种测量方式具有显著性相关,教师评定方式下主动性攻击与反应性攻击两种测量方式之间亦具有显著性相关,这与以往的研究结果相一致(Greening, Stoppelbein, & Luebbe, 2010; Xu, Farver, & Zhang, 2009)。这可能是由于两种攻击行为共享了某些相同的遗传因素导致(Paquin et al., 2017)。Brendgen 等人(2006)研究发现,主动性和反应性攻击存在共同的遗传和非共享环境基础,其中两种攻击间遗传因素的相关为0.87,非共享环境的相关为0.34,而主动性攻击与反应性攻击二者的独特遗传基础仍需进一步探索。此外,还有一种解释是在测量主动性和反应性攻击时并未区分攻击的实施形式,而相同的攻击形式(尤其是身体攻击)可能导致了主动性攻击和反应性攻击之间的高相关(曹丛等,2012)。

本研究发现儿童自恋与外显自尊具有显著的正相关,这与以往研究结果相一致,即自恋个体具有较高的外显自尊(Bosson et al., 2008; Sedikides et al., 2004)。儿童自恋与教师评定和同伴提名下的反应性攻击均具有显著的相关,并且相关系数高于自恋与主动性攻击的相关。即使儿童自恋与主动性攻击存在正相关,以往针对成人自恋与主动性攻击研究发现二者具有正相关。造成这种结果的很大原因是由于采用精神病态和临床学视角,将自恋作为一种病态人格障碍进行测量,主要表现为对自我重要性与独特性的夸大、不合实际的权利感、极度渴望赞美、剥削他人的倾向以及傲慢等特点(APA, 2013)。而社会-人格心理学家将自恋视为普遍存在于一般人群中的一种特质,认为自恋是一种不切实际的夸大,但同时又很脆弱且高度依赖于他人评价,并认为自己享有某种特权和待遇的自我观(Morf & Rhodewalt, 2001; Thomaes et al., 2013)。取向不同导致成分不同,成分不同决定测量方式的不同,继而造成结果上的差异。

而且,在控制年级和性别因素后,儿童自恋仍对反应性攻击(教师评定和同伴提名两种方式)水平具有显著正向预测作用。Baumeister 等人(1996)用自我威胁理论(Theory of Treatened Egotism)解释了自恋者的反应性攻击行为,认为当自恋者浮夸的自我观点、自尊与优越感等受到外界的拒绝、低估、偏见和侮辱时,其自我概念和自我形象受到威胁,自恋者会产生被唤起的间接攻击倾向与行为,将攻击行为、自我偏差服务等不适应行为作为自我调节的策略,进而继续维持和提升其积极的自我知觉(Konrath, Bushman, & Campbell, 2006; Wallace et al., 2012)。Ferriday 等(2011)、Thomaes 和 Bushman(2011)和 Baumeister 等(1996)的观点一致,认为自恋者自我价值受到的威胁激发了其在某些情境下的反应性攻击行为。Rasmussen(2016)采用元分析检验发现自恋与激起的攻击行为存在显著的正相关（$r=0.25$），进一步验证了自我威胁理论的解释，且两者相关程度在儿童与青少年群体中比在大学生与成人群体中更强（$r=0.36$），这可能是因为相比于成人，儿童与青少年的自我控制与自我调节能力尚处于发展阶段，对攻击行为的控制较差（Kerig & Stellwagen，2010）。Tuvblad 等人（2009）的研究发现从儿童期至青春期，主动性攻击行为的遗传力从 32% 上升至 48%，反应性攻击行为的遗传力从 26% 上升至 43%。最新一项研究采用"基因 × 环境（Gene × Environment Interaction）"方法，针对年龄划分在 6 岁、7 岁、9 岁、10 岁和 12 岁 5 个不同阶段的 223 对同卵双胞胎和 332 对异卵双胞胎的主动性攻击和反应性攻击行为进行追踪发现，主动性攻击行为的遗传力要大于反应性攻击（Paquin et al.，2017）。

4.5 结论

本研究可以得出以下结论：

（1）儿童自恋人格对反应性攻击具有显著正向预测作用，即随着儿童自恋水平的升高，其反应性攻击行为也相应升高。

（2）儿童自恋人格在年级发展上具有显著的差异趋势，具体体现在二年级至三年级逐渐升高，三年级至四年级趋于平缓，三年级儿童的自恋水平达到最高；在性别差异上表现为女生的自恋水平要高于男生。

（3）儿童反应性攻击行为在年级上具有差异，随着年级的增长，儿童的反应性攻击呈逐渐上升的趋势；在性别差异上表现为女生的反应性攻击要高于男生。

5 研究二：不同情境下自恋人格对攻击行为的影响

5.1 研究目的与研究假设

研究一通过关系研究发现童年中期儿童自恋人格与反应性攻击相关显著，并具有预测性。研究一所采用的攻击行为之一反应性攻击的测量方式，即来自 Dodge 等编制的量表，所测量的内涵即代表其所提出的反应性攻击的概念。Dodge 在《儿童心理学手册》中提出小学阶段的攻击出现形式与功能上的转换，在这一年龄阶段，区分开反应性攻击和主动性攻击是非常重要的。并且，该阶段儿童攻击的导火索主要包括感知到的对自我的威胁和侮辱（Dodge, Coie, & Lynam, 2006），而社会威胁的经历（包括同伴拒绝和消极反馈）在童年中期普遍发生（Asher, Rose, & Gabriel, 2001）。研究二在研究一关系研究的基础上，通过实验研究探讨不同情境下和不同自恋水平对童年中期儿童攻击行为的影响，拟解决威胁情境下不同自恋水平儿童的攻击行为差异，并纳入积极反馈的情境，探究相比于负性反馈的威胁情境，积极反馈情境对不同自恋水平儿童攻击行为的影响。

研究二假设如下：

（1）威胁情境组儿童比积极反馈组和对照组表现出更高的攻击行为。
（2）高自恋水平组儿童的攻击行为要高于低自恋水平组。
（3）威胁情境下，高自恋水平组儿童表现出更高的攻击行为。

5.2 研究方法

5.2.1 被试

研究二选取哈尔滨某小学 300 名三年级儿童作为被试群体，施测过程同研究一，要求被试写下班级和姓名。采用 Gpower 3.1 软件对实验每组所需被试人数进行计算，抽选出软件计算所得 90 名为被试样本。计算三年级儿童在儿童自恋量表中得分的平均数和标准分数（z 分数），在得分的标准分数均大于 0.6 的被试中，按总分从高到低的顺序挑选出得分最高的 45 名被试为高自恋组；在得分的标准分数均小于 -0.6 的被试中，按总分从低到高的顺序挑选出分数最低的 45 名被试为低自恋组。参加实验儿童平均年龄 $M=9.23$ 岁，$SD=0.52$，男生占比为 47.6%。被试均签署知情同意书，并在实验后赠送精美小礼物。

5.2.2 实验设计

采用 3（情境变量：威胁、积极反馈和控制组）× 2（被试类型：高自恋组和低自恋组）被试间实验设计，其中被试类型和情境变量均为被试间变量，因变量为攻击行为音量大小和持续时间。

5.2.3 实验材料

5.2.3.1 儿童自恋量表

同研究一，采用 Thomaes 等人（2008）编制的儿童自恋量表。

5.2.3.2 攻击行为测量

采用根据竞争反应时任务（Taylor's Competitive Reactive Time Task，TCRT）进行改良的测量攻击行为的研究范式（Bushman & Baumeister，1998；Thomaes et al.，2008），本研究选用选择噪声大小和持续时间作为攻击行为的测量指标，噪声大小从 60 dB 到 100 dB，持续时间从 1 s 到 9 s。

5.2.3.3 威胁知觉问卷

采用根据 Bushman 和 Baumeister（1998）的研究编制威胁知觉问卷，该问卷包括 4 道题目，如"在实验过程中，你觉得评分者对你的评价让你觉得难堪吗？"要求儿童根据真实情况选择最符合自己的情况。采用 Likert 5 点计分，得分越高表明感知到的威胁水平越高，以此验证威胁情境的有效性。本研究中该量表的 Cronbach α 系数为 0.82。

5.2.4 实验程序

第一阶段,筛选出高自恋组45人(随机分配威胁情境组15人、积极反馈情境组15人、控制组15人),低自恋组45人(随机分配威胁情境组15人、积极反馈情境组15人、控制组15人)。

第二阶段,将被试带到单独的小房间中,在实验开始前告知以下指导语:①他们将要和其他学校的对手(同年级)在网上进行一场游戏比赛,比赛共3轮,可以练习后再进行比赛。②比赛的名称叫"看谁按得快",要求被试在看到屏幕上出现红色方块时立刻按下空格键,速度快的一方为赢家。赢家可以获得奖励,奖励包括两种:第一种是给对手传递一个信息,第二种是制造一段噪声。计算机会随机分配其中一种奖励给赢家,噪声惩罚为刺激性的枪声,噪声强度和持续时间由赢家来设定,噪声强度分为9个等级(1级为最低,60 db;9级为最高,100 db。分别对应1~9的数字按键),持续时间也分为9个等级(1级为最低,1 s,9级为最高,9 s。分别对应1~9的数字按键)。③完成指导语后,给被试戴上耳麦先进行练习,然后进行比赛。

实际上,该比赛并不存在对手,试验中的胜负都是由计算机提前设置好的。第一轮比赛计算机将设置为对手胜出,对手选择给予被试传递信息,信息内容为主试操控的并对应着三种情境:"你的速度太慢,赢你太轻松了"(威胁情境组)、"你按得真快,好厉害"(积极反馈情境组)、"第一轮结束了吗"(控制组)。第二轮比赛计算机将设置为被试胜出,分配给被试的奖励是为对手制造噪声,此时被试在第一轮已经接收到了对方传递的信息,在该情境的影响下,被试为对方设置噪声的强度和持续时间,可以测得被试在三种情境下的攻击行为指标,完成游戏比赛后,被试为对手所设置的攻击行为指标的数据将由E-prime软件自动记录。

第三阶段,在比赛结束后,要求被试完成威胁知觉问卷,以检验情境操纵的有效性。并且,在实验结束后向被试解释真相,请求被试理解并赠送精美小礼物。

实验程序如图5-1所示。

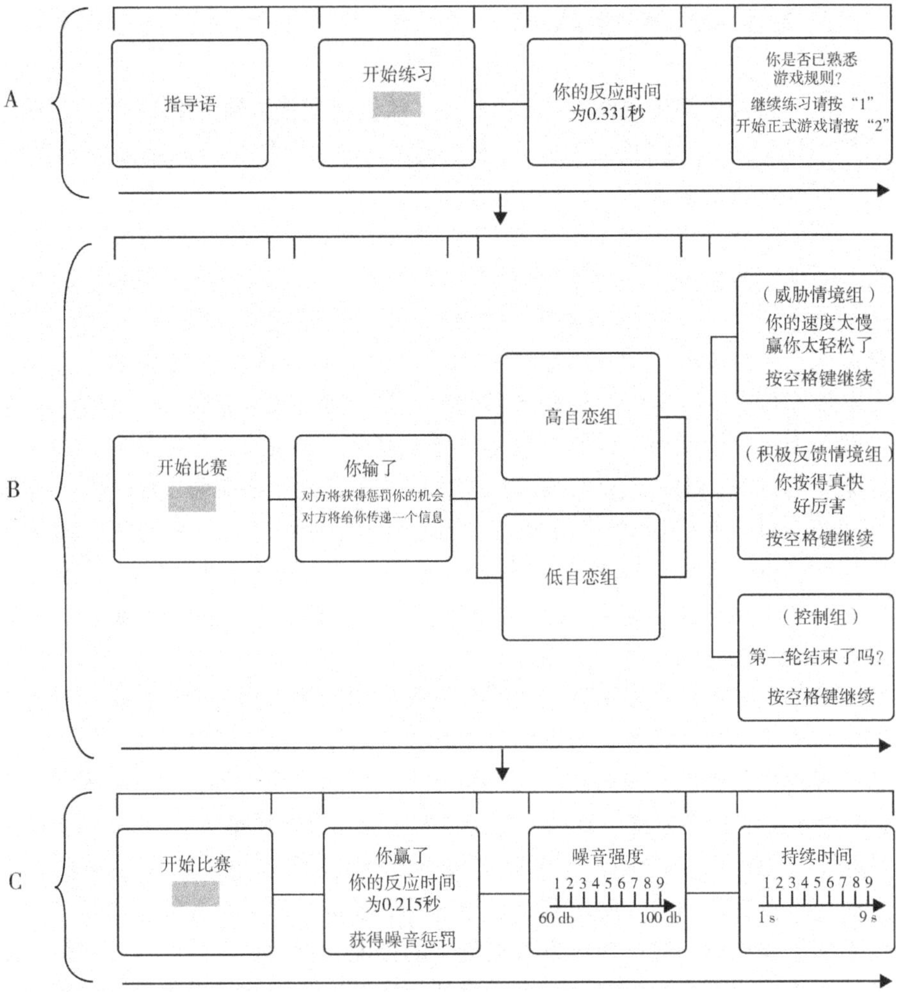

图 5-1 实验程序流程图

（说明：图中色块表示实验程序呈现图片。）

5.2.5 统计方法

使用 SPSS 21.0 进行数据分析。

5.3 结果分析

5.3.1 实验操纵有效性检验

为保证实验中威胁操纵的有效性，采用 Bushman 和 Baumeister（1998）研究编制的威胁知觉问卷，分别对威胁情境、积极反馈情境和控制情境进行检验，结果发现不同情境方差分析主效应显著 [$F(1, 87) = 272.72$, $p < 0.01$, $\eta^2 = 0.86$]，威胁情境下威胁知觉得分（$M = 3.73$, $SD = 0.44$）要高于控制情境（$M = 1.20$, $SD = 0.41$）和积极反馈情境（$M = 1.53$, $SD = 0.51$），这表明情境的操纵在本实验中具有有效性。

5.3.2 自恋水平与不同情境对攻击行为的影响

5.3.2.1 自恋水平与不同情境对噪声大小的影响

表 5-1 为因变量指标噪声大小的描述统计量。对噪声大小指标进行方差齐性检验，结果为：$F(5, 84) = 2.107$, $p = 0.072 > 0.05$，方差呈齐性。从表中可见，在威胁情境下，高自恋儿童的攻击得分高于低自恋儿童；在积极反馈情境下，高自恋儿童的攻击得分高于低自恋儿童；在控制情境下，高自恋儿童的攻击得分低于低自恋儿童。

表 5-1 高、低自恋水平个体在不同情境下噪声大小的描述统计量（$M \pm SD$）

情境	低自恋（$n = 45$）	高自恋（$n = 45$）
威胁情境	5.80 ± 0.77	8.67 ± 0.48
积极反馈情境	2.47 ± 1.06	2.87 ± 1.68
控制情境	2.73 ± 0.88	2.67 ± 0.61

以自恋得分两个水平（低自恋、高自恋）和情境变量（威胁、积极反馈和控制）为被试间变量，噪声大小作为因变量进行两因素被试间方差分析，结果（见表 5-2）如下。其中自恋的主效应显著，$F(1, 84) = 25.76$,

$p < 0.001$；情境的主效应显著，$F(2, 84) = 208.35$，$p < 0.001$；自恋与情境的交互作用显著，$F(2, 84) = 18.752$，$p < 0.001$。根据 Cohen（1989）的方差分析效果大小标准，即当 $\eta^2 = 0.01$ 时为小的效果，$\eta^2 = 0.06$ 时为中等效果，$\eta^2 = 0.15$ 时为大的效果，对统计检验力和效果大小进行分析。可见，自恋的 $\eta^2 = 0.23 > 0.15$，属于大的效果，统计检验力为 1；情境的 $\eta^2 = 0.83 > 0.15$，属于大的效果，统计检验力为 0.99；自恋与情境交互作用的 $\eta^2 = 0.31 > 0.15$，属于大的效果，统计检验力为 1。

表 5-2　自恋水平与情境对噪声大小影响的方差分析

项目	SS	df	MS	F	p	η^2	power
自恋	25.60	1	25.60	25.76	0.001	0.23	1.00
情境	414.06	2	207.03	208.35	0.001	0.83	0.99
自恋×情境	37.26	2	18.63	18.75	0.001	0.31	1.00

自恋水平的主效应显著，$F(1, 84) = 25.76$，$p < 0.001$，表现为高自恋儿童（$M = 4.73$，$SD = 3.01$）的攻击行为得分要显著高于低自恋儿童（$M = 3.67$，$SD = 1.77$）的攻击得分。情境变量的主效应显著，$F(2, 84) = 208.35$，$p < 0.001$。分别对威胁情境、积极反馈情境和控制情境进行事后检验分析，结果见表 5-3。

表 5-3　不同情境下噪声大小的事后检验

(I) 处理	(J) 处理	$M(I-J)$	p
威胁	积极反馈	4.57	0.001
	控制	4.53	0.001
积极反馈	威胁	-4.57	0.001
	控制	-.03	1.000
控制	威胁	-4.53	0.001
	积极反馈	.03	1.000

方差分析显示自恋与情境存在交互作用 [$F(2, 84) = 18.752$，$p < 0.001$]（见图 5-2），因此进行简单效应分析，结果（见表 5-4）发现，在威胁情境下，低自恋儿童和高自恋儿童在攻击行为上差异显著，$F(1$，

84) =10.65，$p < 0.01$；在积极反馈情境下，低自恋儿童和高自恋儿童在攻击行为上差异未达到显著水平，$F(1, 84) = 0.21$，$p > 0.05$，均表现出较低的攻击性；在控制情境下，低自恋儿童和高自恋儿童在攻击行为上差异不显著，$F(1, 84) = 0.03$，$p < 0.05$，攻击行为较积极反馈情境有所升高。整体上，威胁情境下儿童攻击行为高于积极反馈和控制情境。对于高自恋儿童，威胁、积极反馈和控制情境下攻击行为差异显著，$F(2, 84) = 135.76$，$p < 0.01$；对于低自恋儿童，威胁、积极反馈和控制情境下攻击行为达到显著水平，$F(2, 84) = 40.11$，$p < 0.01$，相比高自恋儿童攻击性有所下降。

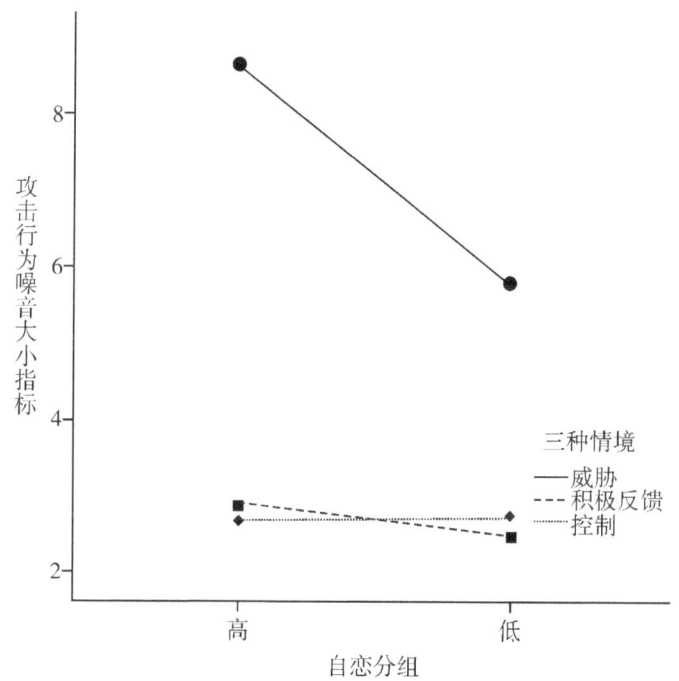

图 5-2　自恋水平与情境变量的交互作用

表 5-4　自恋和情境变量在噪声大小上交互作用的简单效应分析

变异来源		SS	df	MS	F	p
a	b_1	61.63	1	61.63	10.65	0.002
	b_2	1.20	1	1.20	0.21	0.650
	b_3	0.03	1	0.03	0.01	0.940

续上表

变异来源		SS	df	MS	F	p
b	a_1	348.40	2	174.20	135.76	0.001
	a_2	102.93	2	51.47	40.11	0.001

注：a为自恋水平，a_1为高自恋组，a_2为低自恋组；b为情境变量，b_1为威胁情境，b_2为积极反馈情境，b_3为控制情境。

5.3.2.2 自恋水平与不同情境对持续时间的影响

因变量指标持续时间的描述统计量见表5-5。对持续时间指标进行方差齐性检验，结果为：$F(5, 84) = 2.168$，$p > 0.05$，方差呈齐性。由表可知，在威胁情境下，高自恋儿童的攻击得分高于低自恋儿童；在积极反馈情境下，高自恋儿童的攻击得分高于低自恋儿童；在控制情境下，高自恋儿童的攻击得分高于低自恋儿童。

表5-5 高低自恋水平个体在不同情境下持续时间的描述统计量（$M \pm SD$）

情景类型	低自恋（$n=45$）	高自恋（$n=45$）
威胁情境	6.20 ± 0.67	8.13 ± 0.99
积极反馈情境	2.27 ± 0.96	2.60 ± 1.95
控制情境	2.67 ± 0.61	2.73 ± 0.88

以自恋得分两个水平（低自恋、高自恋）为被试间变量，情境变量（威胁、积极反馈和控制）为被试间变量，持续时间作为因变量攻击行为的指标进行两因素被试间方差分析，得到方差分析结果（见表5-6）如下。方差分析结果表明，自恋变量的主效应显著，$F(1, 84) = 11.11$，$p < 0.001$；情境变量的主效应显著，$F(2, 84) = 173.11$，$p < 0.001$；自恋与情境的交互作用显著，$F(2, 84) = 6.23$，$p < 0.001$。根据Cohen的方差分析效果大小标准，即当$\eta^2 = 0.01$时为小的效果，当$\eta^2 = 0.06$时为中等效果，当$\eta^2 = 0.15$时为大的效果，对统计检验力和效果大小进行分析。可见，自恋的$\eta^2 = 0.12 > 0.06$，属于中等效果，统计检验力为0.91；情境的$\eta^2 = 0.81 > 0.15$，属于大的效果，统计检验力为0.99；自恋与情境交互作用的$\eta^2 = 0.13 > 0.06$，属于中等效果，统计检验力为0.88。

5 研究二：不同情境下自恋人格对攻击行为的影响

表5-6 自恋水平与情境对持续时间影响的方差分析

项目	SS	df	MS	F	p	η^2	power
自恋	13.61	1	13.61	11.11	0.001	0.12	0.91
情境	424.26	2	212.13	173.11	0.001	0.81	1.00
自恋×情境	15.28	2	7.64	6.23	0.003	0.13	0.88

自恋水平的主效应显著 $[F(1, 84) = 11.11, p < 0.001]$，表现为高自恋儿童 ($M = 4.49, SD = 2.92$) 的攻击行为得分要显著高于低自恋儿童 ($M = 3.71, SD = 1.93$) 的。情境变量的主效应显著 $[F(2, 84) = 173.11, p < 0.001]$。分别对威胁情境、积极反馈情境和控制情境进行事后检验分析，结果（见表5-7）表明，威胁情境下的攻击行为指标持续时间显著高于积极反馈情境高于控制情境。

表5-7 不同情境下持续时间的事后检验

(I) 处理	(J) 处理	M (I-J)	p
威胁	积极反馈	4.73	0.001
	控制	4.47	0.001
积极反馈	威胁	-4.73	0.001
	控制	-.27	1.000
控制	威胁	-4.47	0.001
	积极反馈	.27	1.000

结果发现自恋与情境存在交互作用 $[F(2, 84) = 6.23, p < 0.001]$（见图5-3），因此进行简单效应分析，结果（见表5-8）发现，在威胁情境下，低自恋儿童和高自恋儿童在攻击行为上差异显著，$F(1, 84) = 4.57, p < 0.05$；在积极反馈情境下，低自恋儿童和高自恋儿童在攻击行为上的差异未达到显著水平，攻击性逐渐降低，$F(1, 84) = 0.14, p > 0.05$；在控制情境下，低自恋儿童和高自恋儿童在攻击行为上差异不显著，$F(1, 84) = 0.01, p > 0.05$，攻击行为较积极反馈情境有所升高。整体上，威胁情境下儿童攻击行为高于积极反馈高于控制情境。对于高自恋儿童，无论在何种情境下，攻击行为差异显著，$F(2, 84) = 109.03, p < 0.01$；对于低自恋儿童，威胁、积极反馈和控制情境下攻击行为达到显著水

平，$F(2, 84) = 51.26$，$p < 0.01$，随着自恋水平降低，攻击行为逐渐降低。

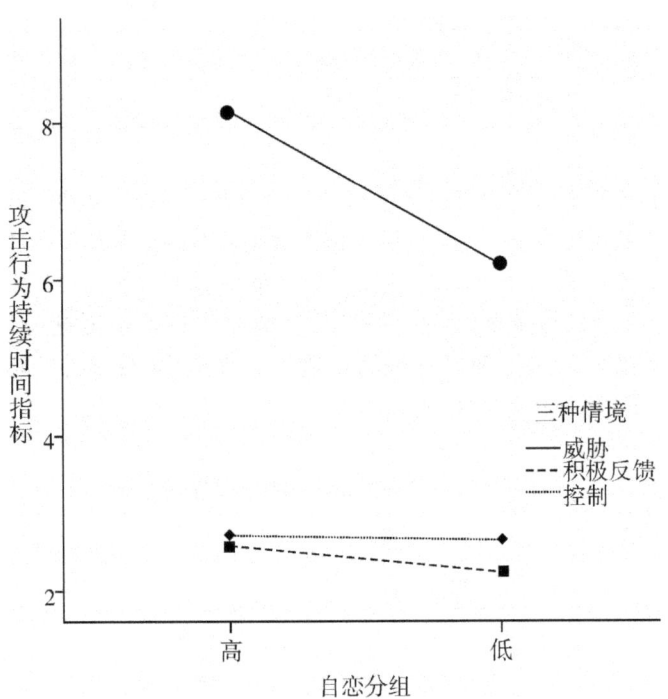

图 5-3　自恋水平与情境变量的交互作用

表 5-8　自恋和情境变量在持续时间上交互作用的简单效应分析

变异来源		SS	df	MS	F	p
a	b_1	28.03	1	28.03	4.57	0.035
	b_2	0.83	1	0.83	0.14	0.713
	b_3	0.03	1	0.03	0.01	0.941
b	a_1	298.98	2	149.49	109.03	0.001
	a_2	140.58	2	70.29	51.26	0.001

注：a 为自恋水平，a_1 为高自恋组，a_2 为低自恋组；b 为情境变量，b_1 为威胁情境，b_2 为积极反馈情境，b_3 为控制情境。

5.4 讨论

研究二在研究一自恋与攻击行为关系研究的基础上，通过实验研究探讨不同情境下不同自恋水平儿童对攻击行为的影响。研究结果发现自恋水平的主效应显著，即高自恋水平儿童的攻击行为要高于低自恋水平儿童的攻击行为。这一结果与研究一的结果自恋与攻击形成呈正相关相一致，并与先前多数研究结果一致（Ang & Yusof，2005；Thomaes et al.，2011）。先前研究认为自我观与攻击行为之间呈线性关系，但越来越多的研究发现，自我观与攻击行为之间的关系呈 U 形曲线（Bushman & Thomaes，2011；Perez，Vohs，& Joiner，2005），即当个体具有消极的、贬低的自我观和积极的、夸大的自我观时其攻击行为更高，并且这两种自我观都是扭曲的自我观。由预研究可知，童年中期的儿童在进行自我描述时持有更多的积极观，但这种过高的积极自我观易形成自恋，自恋的儿童由于自我观夸大性从而导致更多的攻击行为，符合 U 形曲线的理论模型。

研究发现，不同情境的主效应显著，表现在威胁情境下攻击行为高于控制情境和积极反馈情境。一项元分析（Bettencourt et al.，2006）探讨了人格变量与攻击行为在中性和激起情境下的关系，把人格变量分为两类：一类是具有攻击倾向性的人格特质，如特质攻击性、特质易怒等，这些人格特质与激起不存在交互作用，即无论是激起还是中性条件下，这些人格特质对攻击行为并不能起到显著预测作用；另一类是敏感性人格特质，如自恋、冲动等人格特质，这些人格特质与激起存在交互作用，即在激起条件下，高敏感性特质个体表现出更多攻击行为。此外，事后检验结果发现，威胁情境下攻击行为和积极反馈、控制情境具有显著性差异，但是积极反馈情境与控制情境并无显著差异。这说明，积极反馈情境对儿童的攻击行为未能产生抑制作用，这与先前多数研究结果相一致，即积极反馈情境下自恋未能对攻击行为产生显著的影响（Bushman et al.，2009；Jones & Paulhus，2010；Vaillancourt，2013）。这可能与具体的积极反馈的不同形式有关。Marchlewska 和 Cichocka（2017）研究发现，被试在回忆积极反馈情境时，高、中和低水平自恋个体在选择视角上无显著差异，但是在回忆威胁情境时，不同自恋水平个体差异显著，自恋水平越高越倾向使用第三视角。

研究二结果还发现，自恋水平与情境变量的交互作用显著，高水平自恋的儿童在威胁情境下具有更高的攻击行为。Ferriday 等人（2011）将成年人分为高自恋和低自恋两组，分别在私人和公开情境下给予（有无他人在场）

三种反馈,即正反馈、中性反馈和负反馈,研究发现高自恋个体在公共场合下受到负性反馈时,攻击性最高。许多研究表明,个体差异和情境因素与攻击行为关系密切(Bettencourt et al.,2006;Anderson & Bushman,2002)。江雅(2007)研究发现,在同伴拒绝的情境中,显性自恋个体会进行直接报复性攻击,隐形自恋个体会对他人进行无辜的替代性攻击。刘荣(2009)研究发现,高隐性自恋且高自尊个体更容易受自我威胁情境的激发。Rasmussen(2016)最新一项针对激起的攻击与自恋的元分析发现,自恋与激起的攻击呈正相关。研究二的结果在验证自我威胁论的基础上,也验证了一般攻击模型。一般攻击性模型(General Aggression Model,GAM)(Anderson & Bushman,2002)认为,特质或个人因素(如人格特质、性别、态度、遗传等)和情境因素(如激起、攻击性线索、挫折水平、疼痛等)的共同作用能影响各种作用于攻击行为的认知、情绪、唤醒机制。其中,由激起引发的威胁情境是自恋与攻击领域中最为关注的一个重要因素,研究二通过实证研究在儿童群体领域中证实了该观点。

5.5　结论

本研究可以得出以下结论:

(1)儿童自恋水平对攻击行为具有显著影响,即儿童自恋水平越高,其攻击行为也相应升高。

(2)自恋水平不是导致攻击行为的必要条件,攻击行为变化受不同情境影响,相比积极反馈情境和控制情境,威胁情境对攻击行为具有显著影响,即在威胁情境下攻击行为增多。

(3)高自恋的儿童在威胁情境下产生更高水平的攻击行为。

6 研究三：高低地位威胁下自恋人格对攻击行为的影响

6.1 研究目的与研究假设

研究二通过攻击行为的竞争反应时实验范式发现，相比于低自恋儿童，高自恋儿童具有更高水平的攻击行为；相比于积极反馈情境和控制情境，威胁情境下儿童的攻击行为更高，并且高自恋儿童在威胁情境下具有较高的攻击行为。由此，研究二在儿童群体样本上发现威胁情境对不同自恋儿童攻击行为的重要作用。研究三在威胁情境的基础上从具体的真实情境和自恋儿童的特征出发，在威胁来源上进行进一步的操纵，将威胁来源划分为高地位威胁和低地位威胁，探讨在不同地位威胁下不同自恋水平自恋儿童对攻击行为的影响。

综上所述，研究三提出以下假设：

（1）相比于来自低地位威胁，高地位威胁情境下儿童表现出更高的攻击行为。

（2）高自恋水平组儿童的攻击行为要高于低自恋水平组。

（3）高地位威胁下，高自恋水平组儿童表现出更高的攻击行为。

6.2 研究方法

6.2.1 被试

选取哈尔滨某小学 200 名三年级儿童作为被试群体，施测过程同研究一，要求被试写下班级和姓名。采用 Gpower 3.1 软件对实验每组所需被试人数进行计算，抽选出软件计算所得 72 名为被试样本。计算三年级儿童在儿童自恋量表中得分的平均数和标准分数（z 分数），在得分的标准分数均大于 0.6 的被试中，按总分从高到低的顺序挑选出得分最高的 36 名被试为高自恋组；在得分的标准分数均小于 −0.6 的被试中，按总分从高到低的顺序挑选出得分最低的 36 名被试为低自恋组，共 72 名儿童参与研究三的实验（平均年龄 $M=9.12$ 岁，$SD=0.47$，男生占比 53.2%）。被试均签署知情同意书，并在实验后赠送精美小礼物。

6.2.2 实验设计

采用 2（威胁来源：高地位、低地位）× 2（被试类型：高自恋组和低自恋组）被试间实验设计，其中被试类型和威胁来源均为被试间变量，因变量为攻击行为的音量大小和持续时间。

6.2.3 实验材料

6.2.3.1 儿童自恋量表

采用 Thomaes 等人（2008）编制的儿童自恋量表测量儿童中期至青少年阶段的自恋水平，该量表由 10 道题构成，如"我觉得与众不同很重要"，要求儿童根据真实的情况选出符合自己的选项。该量表采用 Likert 四点计分，分数越高代表儿童的自恋水平越高，该量表的信度为 0.84。

6.2.3.2 攻击行为测量

采用根据竞争反应时任务（Taylor's Competitive Reactive Time Task，TCRT）进行改良的测量攻击行为的研究范式（Bushman & Baumeister，1998；Thomaes et al.，2008），本研究选用选择噪声大小和持续时间作为攻击行为的测量指标，噪声大小从 60 dB 到 100 dB，持续时间从 1 s 到 9 s，也可以选择 0 dB 不惩罚。

6.2.4 实验程序

第一阶段，筛选出高自恋组 36 人（随机分配高地位威胁情境组 18 人、低地位威胁情境组 18 人），低自恋组 36 人（随机分配高地位威胁情境组 18 人、低地位威胁情境组 18 人）。

第二阶段，将所有 72 名被试分成 8 组，先将第一组 9 名被试带到单独的小房间中,在实验开始前告知以下指导语:①他们9名同学将要进行7轮比赛,前5轮是排位赛,然后由计算机为被试随机选定一个对手进行2轮惩罚赛,可以先练习后再进行比赛。②比赛的名称叫"看谁按得快",要求被试在看到屏幕上出现红色方块时立刻按下空格键,速度快的一方为赢家。在最后两轮惩罚赛中赢家可以给对手传递惩罚,包括两种:第一种是选择一个信息,第二种是制造一段噪声。计算机会随机分配其中一种奖励给赢家,噪声惩罚为刺激性的枪声,噪声强度和持续时间由赢家来设定,噪声强度分为9个等级(1级为最低,60 db;9级为最高,100 db。分别对应1~9的数字按键),持续时间也分为9个等级(1级为最低,1 s;9级为最高,9 s。分别对应1~9的数字按键)。③完成指导语后,给被试戴上耳麦先进行练习,然后进行比赛。

实际上,该比赛并不存在对手,这9名被试在试验中的胜负都是由计算机提前设置好的。在前5轮排位赛结束后,计算机会呈现给被试其排名为第五名,被试看到自己的排名后,再进行第六轮比赛,在这里计算机将会预先给出对手的排名,按照实验要求,高地位威胁情境组将与第一名进行比赛,低地位威胁情境组将与第九名进行比赛,第六轮比赛计算机将设置为对手胜出,对手选择给予被试传递信息,信息内容为:"你的速度太慢,赢你太轻松了"。第七轮比赛计算机将设置为被试胜出,分配给被试的奖励是制造噪声,此时被试在第六轮已经接受了对方传递的信息,低地位者得到了高地位的威胁情境,高地位者得到了低地位的威胁情境,在该情境的影响下,被试为对方设置噪声的大小和持续时间,可以测得被试在高、低地位威胁情境下的攻击行为指标。完成游戏比赛后,被试为对手所设置的攻击行为指标的数据将由E-prime软件自动记录。

第三阶段,在比赛结束后,要求被试完成威胁知觉问卷,以检验情境操纵的有效性。并且,在实验结束后向被试解释真相,请求被试理解并赠送精美小礼物。

实验程序如图6-1所示。

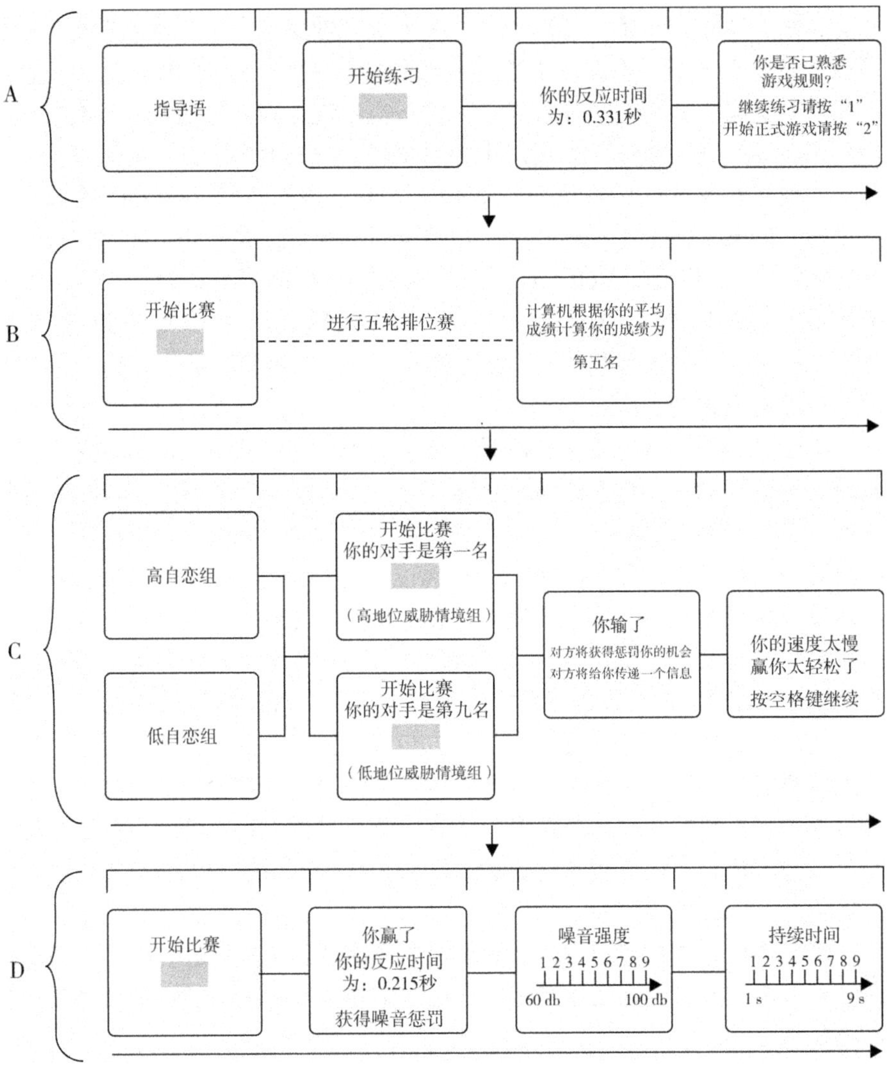

图 6 – 1 实验程序

（说明：图中色块表示实验程序呈现图片。）

6.2.5 统计方法

使用 SPSS 21.0 进行数据分析。

6.3 结果分析

6.3.1 实验操纵有效性检验

为检验威胁操纵的有效性,采用研究二中所使用的威胁知觉问卷,将研究三中被试在威胁知觉问卷的得分($M=4.00$,$SD=0.58$)与研究二中控制组在威胁知觉问卷的得分($M=1.20$,$SD=0.41$)进行独立样本 t 检验,结果为:$t(70)=23.71$,$p<0.001$,$Cohen's\ d=5.57$,说明威胁操纵在研究三中具有有效性。

为检验不同地位威胁有效性,通过问卷询问被试"你在多大程度上感觉自己和班级八个人进行比赛的结果是有地位的",采用7点计分(金晓彤等,2017)。对高威胁组($M=2.38$,$SD=0.49$)和低威胁组($M=5.31$,$SD=0.46$)进行独立样本 t 检验,结果为:$t(70)=25.72$,$p<0.001$,$Cohen's\ d=6.16$,说明在实验中地位威胁操纵有效。

6.3.2 自恋水平与威胁来源对攻击行为的影响

6.3.2.1 自恋水平与威胁来源对噪声大小的影响

表6-1为因变量指标噪声大小的描述统计量。从表中可见,在低地位威胁下,高自恋儿童攻击行为的噪声大小指标得分高于低自恋儿童;在高地位威胁下,高自恋儿童攻击行为的噪声大小指标得分高于低自恋儿童;相对于低地位威胁情境,高地位威胁情境下低自恋儿童和高自恋儿童的攻击行为的噪声指标均有升高。针对不同水平自恋进行独立样本 t 检验,结果发现,低自恋和高自恋儿童在攻击行为的噪声指标得分上具有显著差异[$t(70)=-7.75$,$p<0.001$];针对不同地位威胁进行差异检验,发现低地位威胁和高地位威胁具有显著性差异[$t(70)=-4.48$,$p<0.001$],在高地位威胁情境下,攻击行为的噪声指标显著高于低地位威胁。

表6-1 高低自恋水平儿童在不同威胁来源下噪声大小的描述统计量（$M \pm SD$）

威胁来源	低自恋（$n=36$）	高自恋（$n=36$）
低地位威胁	4.89 ± 0.92	6.33 ± 0.91
高地位威胁	5.78 ± 0.73	8.44 ± 0.51

对噪声大小指标进行方差齐性检验，结果为：$F(3, 68) = 1.208$，$p = 0.313 > 0.05$，方差呈齐性。以自恋得分两个水平（低自恋、高自恋）和威胁来源（低地位威胁、高地位威胁）为被试间变量，噪声大小作为因变量进行两因素被试间方差分析，得到方差分析结果（见表6-2）如下。方差分析结果表明，自恋的主效应显著，威胁来源的主效应显著，自恋与情境的交互作用显著。自恋的主效应 $F(1, 68) = 125.12$，$p < 0.001$，威胁来源的主效应 $F(1, 68) = 66.63$，$p < 0.001$。自恋与威胁来源交互作用 $F(1, 68) = 11.06$，$p < 0.01$。根据 Cohen 的方差分析效果大小标准，即当 $\eta^2 = 0.01$ 时为小的效果，$\eta^2 = 0.06$ 时为中等效果，$\eta^2 = 0.15$ 时为大的效果，对统计检验力和效果大小进行分析。可见，自恋水平的 $\eta^2 = 0.65 > 0.15$，属于大的效果，统计检验力为1；威胁来源的 $\eta^2 = 0.49 > 0.15$，属于大的效果，统计检验力为1；自恋水平与威胁来源交互作用的 $\eta^2 = 0.15 > 0.15$，属于大的效果，统计检验力为0.91。

表6-2 自恋水平与威胁来源对噪声大小影响的方差分析

项目	SS	df	MS	F	p	η^2	power
自恋	76.05	1	76.05	125.12	0.001	0.65	1.00
威胁来源	40.50	1	40.50	66.63	0.001	0.49	1.00
自恋×威胁来源	6.722	1	6.722	11.06	0.001	0.15	0.91

自恋水平的主效应显著 [$F(1, 68) = 125.12$，$p < 0.001$]，进行均值比较发现高自恋水平儿童（$M = 7.39$，$SD = 1.29$）攻击行为的噪声大小指标得分显著高于低自恋儿童（$M = 5.33$，$SD = 0.92$）；威胁来源的主效应显著 [$F(1, 68) = 66.63$，$p < 0.001$]，表现在高同伴威胁情境下（$M = 7.11$，$SD = 1.48$）儿童攻击行为的噪声大小指标的得分，要显著高于低同伴威胁情境下（$M = 5.61$，$SD = 1.15$）攻击行为噪声大小指标的得分。

结果发现自恋水平与威胁来源存在交互作用 [$F(1, 68) = 11.06$，$p < $

0.01］（见图 6-2），因此进行简单效应分析。结果（见表 6-3）发现，在低同伴地位威胁情境下，低自恋儿童和高自恋儿童在攻击行为噪声大小指标上差异显著，$F(1, 68) = 18.78$，$p < 0.001$；在高同伴地位威胁情境下，低自恋儿童和高自恋儿童在攻击行为噪声大小指标上差异显著［$F(1, 68) = 53.96$，$p < 0.001$］，均表现出较高的攻击性。对于低自恋儿童，低同伴地位和高同伴地位威胁在攻击行为噪声大小指标上差异边缘显著［$F(1, 68) = 4.18$，$p < 0.05$］；对于高自恋儿童，低同伴地位和高同伴地位威胁在攻击行为噪声大小指标上差异显著［$F(1, 68) = 23.58$，$p < 0.001$］，伴随低地位威胁转向高地位威胁，高自恋儿童的攻击行为也相应升高。

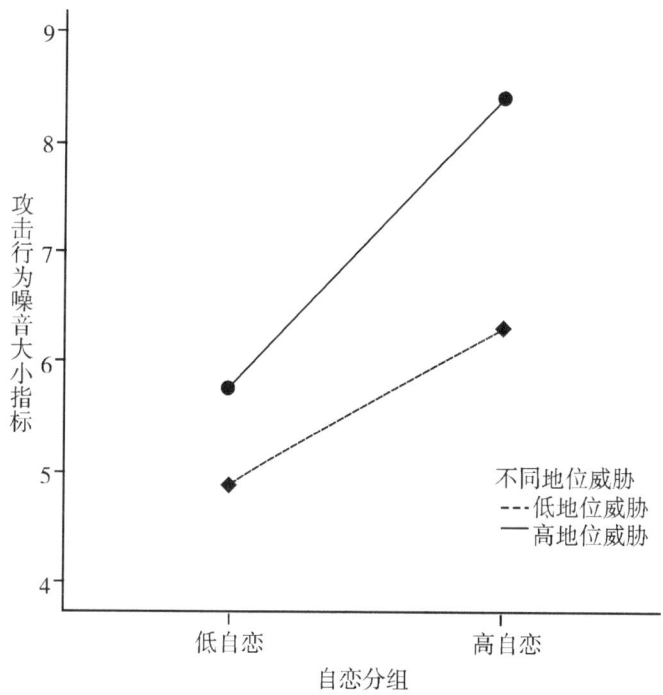

图 6-2 自恋水平与威胁来源的交互作用

表 6-3 自恋和威胁来源在噪声大小上交互作用的简单效应分析

变异来源		SS	df	MS	F	p
a	b_1	18.78	1	18.78	15.83	0.001
	b_2	64.00	1	64.00	53.96	0.001

续上表

变异来源		SS	df	MS	F	p
b	a_1	7.11	1	7.11	4.18	0.050
	a_2	40.11	1	40.11	23.58	0.001

注：a 为自恋水平，a_1 为低自恋组，a_2 为高自恋组；b 为威胁来源变量，b_1 为低同伴地位威胁，b_2 为高同伴地位威胁。

6.3.2.2 自恋水平与威胁来源对持续时间的影响

表 6-4 为因变量攻击行为指标持续时间的描述统计量。从表 6-4 中可见，在低地位威胁下，高自恋儿童的攻击行为持续时间指标得分高于低自恋儿童；在高地位威胁下，高自恋儿童的攻击行为持续时间指标得分高于低自恋儿童；相对于低地位威胁情境，高地位威胁情境下，低自恋儿童和高自恋儿童的攻击行为的持续时间指标均有升高。针对不同水平自恋进行独立样本 t 检验，结果发现，低自恋和高自恋儿童在攻击行为的持续时间指标得分上具有显著差异 $[t(70) = -6.32, p < 0.001]$；针对不同地位威胁进行差异检验，发现低地位威胁和高地位威胁具有显著性差异 $[t(70) = -5.15, p < 0.001]$，高地位威胁情境下攻击行为的持续时间指标显著高于低地位威胁。

表 6-4　高低自恋水平儿童在不同威胁来源下持续时间的描述统计量（$M \pm SD$）

威胁来源	低自恋（$n = 36$）	高自恋（$n = 36$）
低地位威胁	5.17 ± 0.98	6.33 ± 0.84
高地位威胁	6.11 ± 0.58	8.33 ± 0.84

对攻击行为的持续时间指标进行方差齐性检验，结果为：$F(3, 68) = 1.544, p = 0.211 > 0.05$，方差呈齐性。以自恋得分两个水平（低自恋、高自恋）和威胁来源（低地位威胁、高地位威胁）为被试间变量，持续时间作为因变量进行两因素被试间方差分析，得到方差分析结果（见表 6-5）如下。方差分析结果表明，自恋的主效应显著，威胁来源的主效应显著，自恋水平与威胁来源的交互作用显著。自恋的主效应 $F(1, 68) = 75.94, p < 0.001$，威胁来源的主效应 $F(1, 68) = 57.32, p < 0.001$。自恋与威胁来

源交互作用 $F(1, 68) = 7.37$，$p < 0.01$。根据 Cohen 的方差分析效果大小标准，即当 $\eta^2 = 0.01$ 时为小的效果，$\eta^2 = 0.06$ 时为中等效果，$\eta^2 = 0.15$ 时为大的效果，对统计检测力和效果大小进行分析。可见，自恋水平的 $\eta^2 = 0.53 > 0.15$，属于大的效果，统计检验力为1；威胁来源的 $\eta^2 = 0.46 > 0.15$，属于大的效果，统计检验力为1；自恋水平与威胁来源交互作用的 $\eta^2 = 0.09 > 0.06$，属于中等效果，统计检验力为0.76。

表6-5　自恋水平与威胁来源对持续时间影响的方差分析

项目	SS	df	MS	F	p	η^2	power
自恋	51.68	1	51.68	75.94	0.001	0.53	1.00
威胁来源	39.01	1	39.01	57.32	0.001	0.46	1.00
自恋×威胁来源	5.01	1	5.01	7.37	0.008	0.09	0.76

自恋水平的主效应显著 $[F(1, 68) = 75.94, p < 0.001]$，均值比较发现高自恋水平儿童（$M = 7.33$，$SD = 1.31$）攻击行为的持续时间指标得分显著高于低自恋儿童（$M = 5.64$，$SD = 0.93$）；威胁来源的主效应显著 $[F(1, 68) = 57.32, p < 0.001]$，表现在高同伴威胁情境下（$M = 7.22$，$SD = 1.33$）儿童攻击行为的持续时间指标的得分，要显著高于低同伴威胁情境下（$M = 5.75$，$SD = 1.07$）攻击行为持续时间指标的得分。

结果发现自恋水平与威胁来源存在交互作用 $[F(1, 68) = 7.37, p < 0.01]$（见图6-3），因此进行简单效应分析。结果（见表6-6）发现，在低同伴地位威胁情境下，低自恋儿童和高自恋儿童在攻击行为持续时间指标上差异显著 $[F(1, 68) = 12.25, p < 0.05]$；在高同伴地位威胁下，低自恋儿童和高自恋儿童在攻击行为持续时间指标上差异显著 $[F(1, 68) = 44.44, p < 0.001]$，均表现出较高的攻击性。对于低自恋儿童，低同伴地位和高同伴地位威胁在攻击行为持续时间指标上差异显著，$[F(1, 68) = 8.03, p < 0.05]$；对于高自恋儿童，低同伴地位和高同伴地位威胁在攻击行为持续时间指标上差异显著 $[F(1, 68) = 36.01, p < 0.001]$，随着威胁的提高，高自恋儿童的攻击行为也逐渐升高。

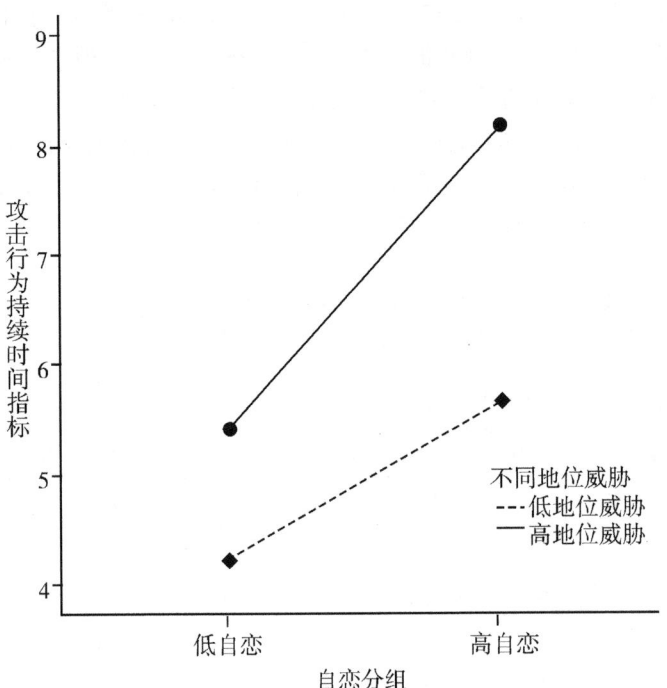

图 6-3　自恋水平与威胁来源的交互作用

表 6-6　自恋和威胁来源在持续时间上交互作用的简单效应分析

变异来源		SS	df	MS	F	p
a	b_1	12.25	1	12.25	9.91	0.002
	b_2	44.44	1	44.44	35.96	0.001
b	a_1	8.03	1	8.03	5.65	0.020
	a_2	36.01	1	36.01	25.36	0.001

注：a 为自恋水平，a_1 为低自恋组，a_2 为高自恋组；b 为威胁来源变量，b_1 为低同伴地位威胁，b_2 为高同伴地位威胁。

6.4　讨论

研究三结果发现，自恋的主效应显著，即相比于低自恋儿童，高自恋儿童攻击行为更高，这与研究二结果相一致。相比于研究二，研究三的情境发生变化，更聚焦于威胁情境的程度划分，这也表明不同自恋水平对威胁下攻击行为具有显著影响，该结论通过本研究在儿童群体上得到验证，这与以往研究提出的观点相一致（Brummelman, Thomaes, & Sedikides, 2016; Rasmussen, 2016）。Harrison（2010）从自我控制的角度对该结果进行解释，认为相比于成人，儿童具有较弱的自我控制能力，负责情绪控制和冲动行为的大脑结构，如杏仁核，从出生开始至青春期前达到顶峰。但是，负责冲动控制行为的脑区前额叶直到成人早期仍未发展成熟（Uematu et al., 2012）。换言之，个体在情绪（如愤怒情绪）控制的自我管理过程的发展上要比其他过程发展的晚（Zelazo & Carlson, 2012），由此可以解释自恋与威胁下攻击行为在儿童样本具有更强的影响，即高自恋儿童在威胁情境下攻击行为更高。

并且，研究三在研究二的基础上，为解决已有研究存在的不足，对威胁情境从威胁来源的地位角度进行划分，结果发现地位的主效应显著，即相比于来自低地位的威胁，来自高地位的威胁会让儿童产生更高的攻击行为。个体对自我的知觉和评价，往往是通过与周围参照框架（如他人）相对比而获得的（邢淑芬、俞国良，2005），人类自我评价的效价和强度受社会背景的影响，在进行与自我高度相关的任务时，如果他人比自己在任务中表现好，那么由此产生一种对比效应，而这种对比效应的程度大小取决于自己与他人的关系密切度（关丽丽等，2012; Tesser, Millar, & Moore, 1988）。研究三中所采用的不同地位的被试群体均来自真实生活情境中同一班级的学生，因此，相比于先前研究不同学校或不同种族的威胁，该结果在这一观点上得到了验证。一般来说，低地位群体成员感受到的威胁要高于高地位群体成员，他们在与高地位群体相比时，其自尊会被削弱（Branscombe et al., 2002），本研究针对自恋儿童在面对来自不同高低地位威胁时所产生的攻击行为结果发现与此相一致。此外，一项研究采用儿童自恋人格量表、网络欺负行为量表及社会地位不安全感问卷针对中国和美国青少年群体进行测量，结果发现，社会地位不安全感在自恋与网络欺负行为中起到中介作用，由于网络欺负行为是一种匿名和间接的行为方式，因而能更真实反映出个体的攻击动机和行为（盖晓然等，2016）。可见，不同地位威胁作为情境变量对自恋儿童的攻击行为产生了重要影响。

研究三的结果还发现，自恋水平与不同地位威胁来源的交互作用显著，具有高自恋水平的儿童在受到来自高地位威胁情境下，其攻击行为最高。该结果在研究二的基础上，进一步丰富了威胁来源的划分。不仅在实验操纵上有了进一步的推进，而且在真实情景中具有可解释性和可推广性。也就是说，由于自恋儿童本身具有更关注评价和追求地位控制的特征，在面对排名地位上高于自己的儿童的威胁时，将会表现出更高的攻击行为。Golmaryami 和 Barry（2010）研究发现，高自恋的青少年由于自身热衷于追求权力、特权的特征，而表现出对社会支配地位的渴望，而高自恋的青少年为了获得地位会导致更高的关系性攻击行为。

　　社会比较理论可以对这一现象进行更好的解释，可以认为社会比较就是把自己的处境和地位与他人进行比较的过程，并且这一过程是自发及普遍存在的。一项针对社会比较和攻击行为的研究发现，相比于上行比较，被试在做下行比较时会表现出更多的攻击行为（Muller et al., 2012）。Bogart 等人（2004）研究发现，相比于低自恋的个体，高自恋的个体在进行社会比较时会表现出更多的情绪反应。并且，高自恋的个体会在上行比较后产生更多的敌意情绪，尤其在特权分维度上得分高的个体会在下行比较后产生更高的积极情绪和自尊水平。研究三结果与此一致，即高自恋的个体在受到来自高地位威胁下，与地位排名比自己高的上行比较时，表现出更高的攻击行为。Rhodewalt 和 Morf（1995）从理论视角认为自恋与社会比较之间存在某种联系，这种联系体现在自恋的特征表现出一种长期的不确定状态，而社会比较具有不确定和威胁性的特征。因此，自恋的个体对比较所做出的反应，实则是自恋个体的内在互动模式，而其情绪变化特征取决于他们对社会比较信息的解释。此外，已有研究从情绪机制的视角探讨情绪在攻击行为中所起到的作用，当自恋的个体遇到自我威胁时，负面情绪（如愤怒）以及自我意识情绪（如羞耻）对攻击行为起到重要预测作用。Thomaes、Stegge 和 Olthof（2008）针对 112 名平均年龄为 11.6 岁的儿童进行研究发现，在羞耻情境中儿童表现出更多的攻击行为，并且在自恋水平较高的儿童上具有明显的差异。在羞耻情境下，个体对自我价值产生负性评价并导致无力感，进而导致外化的攻击行为。并且随着儿童年龄的增长，行为规范约束也相应增加，儿童更多地体验到消极事件所带来的羞耻情绪（Mills, 2005）。也有研究发现，自恋的个体在受到威胁情境下，往往是在羞耻体验的基础上，继而产生愤怒情绪，从而导致攻击行为（Ghim et al., 2015; Thomaes et al., 2011）。也就是说，愤怒和羞耻两种情绪以同时性或继时性的机制影响着儿童的自恋性攻击行为。并且，愤怒与羞耻情绪均与儿童的自尊密不可分，具有内在自我评价的指向性，高自恋的儿童往往出于自我评价维护而产生更多的攻击行为。

6.5 结论

本研究可以得出以下结论:

(1) 儿童自恋水平对攻击行为具有显著影响,即随着儿童自恋水平的升高,其攻击行为也相应升高。

(2) 自恋水平不是导致攻击行为的必要条件,攻击行为变化受不同地位威胁影响,相比于低地位威胁,高地位威胁对攻击行为具有显著影响,即在高地位威胁情境下攻击行为增多。

(3) 高自恋的儿童在高地位威胁情境下产生更多的攻击行为。

7 研究四：威胁情境下自尊对儿童自恋人格与攻击行为的调节作用

7.1 研究目的与研究假设

通过研究一和研究二发现，在威胁情境下儿童自恋人格对攻击行为具有显著性影响，研究三进一步探讨发现，在高地位威胁下，高水平自恋的儿童具有更高的攻击行为。在威胁情境中所采用的负性反馈直指个体的自我价值，关于自我的负面反馈会使人们对当前的自我感受和理想的自我感受产生差异，自尊在其中起到重要作用（Vandellen et al., 2011）。研究四对儿童的状态自尊和内隐自尊分别进行测量，进一步探讨状态自尊和内隐自尊在威胁情境下儿童高自恋与攻击行为之间的可能作用。

基于此，提出研究假设如下：

（1）威胁情境下儿童自恋人格对攻击行为受到状态自尊的调节，相比于状态自尊水平高的儿童，调节效应在状态自尊水平低的儿童中更强。

（2）威胁情境下儿童自恋人格对攻击行为受到内隐自尊的调节，相比于内隐自尊水平高的儿童，调节效应在内隐自尊水平低的儿童中更强。

7.2 研究方法

7.2.1 被试

选取哈尔滨某小学 300 名三年级儿童作为被试群体，施测过程同研究一，要求被试写下班级和姓名。计算儿童在"儿童自恋量表"中得分的平均数和标准分数（z 分数），在得分的标准分数均大于 0.6 的被试中，按总分从高到低的顺序挑选出得分最高的 72 名被试为高自恋组，研究四考察高自恋儿童群体（平均年龄 $M = 9.21$ 岁，$SD = 0.43$，男生占比 54.3%），被试均签署知情同意书，并在实验后赠送精美小礼物。

7.2.2 研究材料

7.2.2.1 儿童自恋量表

采用 Thomaes 等人（2008）编制的儿童自恋量表来测量儿童中期至青少年阶段的自恋水平，该量表由 10 道题构成，如"我觉得与众不同很重要"，要求儿童根据真实情况选出符合自己的选项。问卷采用 Likert 4 点计分，分数越高代表儿童的自恋水平越高，该量表的信度为 0.84。

7.2.2.2 儿童自我知觉量表

采用 Harter（1985）修订的自尊量表来测量儿童的状态自尊水平。分量表一般自我知觉量表测量，该量表由 6 道题构成，如"我对自己很有信心"，要求儿童根据自己的真实情况，对每道题选出与自己最符合的选项，符合程度按等级计分，分数越高表示儿童的自尊越高，该量表的信度为 0.86。

7.2.2.3 内隐自尊测量——内隐联系测验

采用 Inquisit 4 设计内隐联系测验（Implicit Association Test）来测量被试的内隐自尊。内隐联系测验以反应时范式为基础，通过测量个体自身存在的联系倾向，达到测量内隐态度的目的。并且，内隐联系测验以反应时为指标，通过测量概念词与属性词的自动化联系强度而实现对内隐态度的测量。

（1）概念词和属性词的选取。本实验采用的词汇均选自蔡华俭在内隐自尊研究中所开发的云端心理实验室网站所使用的程序，概念词包括自我词汇（如"我、自己、我的"等）和非我词汇（如"他、他的、其他"等）；属性词包括积极词汇（如"幸福、聪明、可爱"等）和消极词汇（如"失败、愚蠢、丑陋"等）。要求被试做分类时，每一部分按照电脑屏幕上呈现的词进行左右两侧"E"或"I"的按键反应。

（2）内隐联系测验的编制及过程。本研究编制并使用的内隐联系测验共包括以下七个部分：

第一部分：概念词辨别，即自我词汇与非我词汇辨别。要求被试对屏幕上出现的自我词汇和非我词汇进行辨别，并进行按键反应。目的在于要求被试快速区分出自我词汇与非我词汇，共进行 20 次练习。

第二部分：属性词辨别，即积极词汇与消极词汇辨别。要求被试对屏幕上出现的积极词汇和消极词汇进行辨别，并进行按键反应。目的在于让被试能够快速区分出积极词汇和消极词汇，共进行 20 次练习。

第三部分：相容属性的联合辨别，要求被试将自我词汇与积极词汇相联系，将非我词汇与消极词汇相联系，并进行按键反应。目的在于让被试能够建立相容属性词汇的辨别，共进行 20 次测试。

第四部分：该部分测验过程与第三部分相同，而且该部分也是内隐联系测验程序中的正式测验部分，要求被试进行 40 次按键反应。

第五部分：概念词辨别，该部分为第二部分辨别的按键反转，即仅在按键反应上做相反辨别，共进行 20 次练习。

第六部分：不相容属性的联合鉴别，要求被试将自我词汇与消极词汇联系起来，将非我词汇与积极词汇相联系，并进行 20 次测试。

第七部分：该部分测验过程与第六部分相同，是内隐联系测验中的正式测试部分，要求被试进行 40 次按键反应。

（3）计分方式。采用 Greenwald 等人（2003）提出的 D 值法作为被试内隐自尊的测量指标，具体计分方式包括以下步骤：第一，选取被试在第三部分、第四部分、第六部分和第七部分的测试部分反应时的数据；第二，删掉错误率超过 20% 的被试和反应时超过 10000 ms 的数据；第三，计算实验程序中第三、四、六、七部分中反应时的平均值；第四，计算实验程序中第三、四、六、七部分中反应时的标准差；第五，采用实验每一部分正确反应的反应时均值加 600 ms，替换被试错误反应的反应时值；第六，计算出实验每一部分中所有反应时的均值；第七，分别计算出第三、六部分和第四、七部分反应时均值的差值；第八，通过反应时均值的差值分别除以第三、六部分和第四、七部分反应时的标准差，即可获得两个 D 值；第九，内隐自尊的得分即为两个 D 值的均值，得分越高，代表内隐自尊水平越高。

7.2.2.4 攻击行为测量

同研究三。

7.2.3 研究程序

第一阶段，筛选出高自恋被试72人。在比赛进行前一天，对该72名被试进行内隐自尊测量。

第二阶段，将所有72名被试分成8组，先将第一组9名被试带到单独的小房间中，在实验开始前告知以下指导语：①他们9名同学将要进行7轮比赛，前5轮是排位赛，然后由计算机为被试随机选定一个对手进行2轮惩罚赛，可以先练习后再进行比赛。②比赛的名称叫"看谁按得快"，要求被试在看到屏幕上出现红色方块时立刻按下空格键，速度快的一方为赢家，在最后两轮惩罚赛中赢家可以给对手传递惩罚信息。惩罚信息包括两种：第一种是选择一段文字，第二种是制造一段噪声，计算机会随机分配其中一种奖励给赢家，噪声惩罚为刺激性的枪声，噪声强度和持续时间由赢家来设定，噪声强度分为9个等级（1级为最低，60 db；9级为最高，100 db。分别对应1~9的数字按键），持续时间也分为9个等级（1级为最低，1 s，9级为最高，9 s。分别对应1~9的数字按键）。③完成指导语后，给被试戴上耳麦先进行练习，然后进行比赛。

实际上，该比赛并不存在对手，该9名被试在试验中的胜负都是由计算机提前设置好的。在前5轮排位赛结束后，计算机会呈现给被试第五名，被试看到自己的排名后，再进行第六轮比赛，在这里计算机将会预先给出被试是排名第一的对手，第六轮比赛计算机将设置为对手胜出，对手选择给予被试传递信息，信息内容为："你的速度太慢，赢你太轻松了"。第六轮比赛结束后，计算机屏幕将呈现状态自尊量表，并要求被试立刻作答，完成提交后进行下一轮比赛。第七轮比赛计算机将设置为被试胜出，分配给被试的奖励是制造噪声，被试为对方设置噪声的大小和持续时间。完成游戏比赛后，被试为对手所设置的攻击行为指标的数据将由E-prime软件自动记录。

第三阶段，在比赛结束后，要求被试完成威胁知觉问卷，以检验情境操纵的有效性。并且，在实验结束后向被试解释真相，请求被试理解并赠送精美小礼物。

实验程序如图7-1所示。

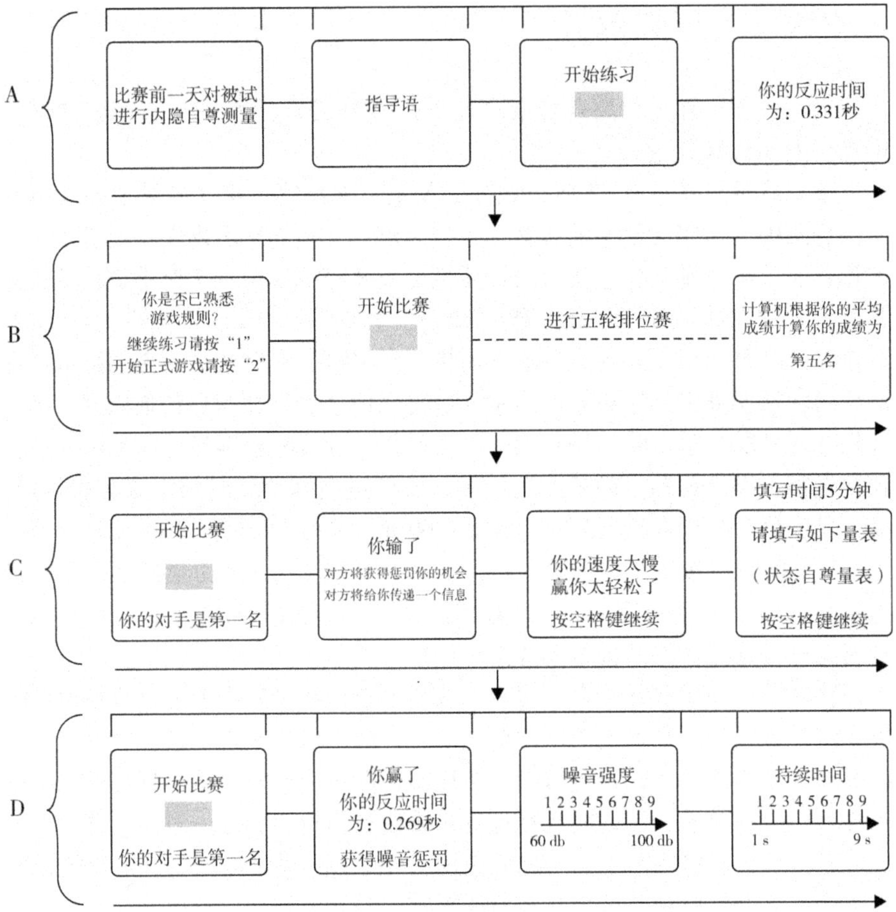

图 7-1 实验程序

（说明：图中色块表示实验程序呈现图片。）

7.2.4 统计方法

使用 SPSS 21.0 进行数据分析。

7.3 结果分析

7.3.1 描述统计

剔除在 IAT 测验错误率超过 20% 以及有缺失值的被试,对余下被试的有效数据进行数据分析,各变量均值、标准差和相关系数的描述性统计见表 7-1。

表 7-1 各变量均值、标准差和相关系数的描述性统计（$N=72$）

项目	M	SD	自恋	状态自尊	内隐自尊	攻击（噪声大小）	攻击（持续时间）
自恋	1.12	0.62	1				
状态自尊	2.11	0.39	-0.67**	1			
内隐自尊	0.44	0.42	0.29*	-0.13	1		
攻击（噪声大小）	6.54	1.64	0.73**	-0.70**	0.18	1	
攻击（持续时间）	6.43	1.61	0.68**	-0.66**	0.17	0.88**	1

注：$*p < 0.05$，$**p < 0.01$，$***p < 0.001$（双侧），以下同。

7.3.2 威胁情境下自恋对攻击行为的影响：状态自尊的调节作用

分别以攻击行为的两个指标噪声大小和持续时间为因变量进行回归分析,构建自恋、状态自尊及其交互作用对攻击行为影响的回归方程。首先,将儿童的自恋得分和状态自尊得分中心化,并将二者中心化得分相乘后得到自恋与状态自尊的交互作用项;将自恋与状态自尊放入第一层回归,自恋与状态自尊的交互作用进入第二层。结果（见表 7-2）发现,在攻击行为噪声大小指标上,自恋显著正向预测攻击行为噪声大小指标 [$\beta = 0.48$, $t(69) = 4.80$, $p < 0.01$];状态自尊显著负向预测攻击行为噪声大小指标 [$\beta = -0.37$, $t(69) = -3.69$, $p < 0.01$];自恋与状态自尊的交互项显著负向预测攻击行为噪声大小指标 [$\beta = -0.19$, $t(68) = -2.06$, $p < $

0.05]。进一步简单斜率检验（Preacher, Curran, & Bauer, 2006）表明，低状态自尊水平（$b_{simple} = 1.27$，$p < 0.001$）在自恋与攻击行为噪声大小指标之间所起到的作用要强于高状态自尊水平（$b_{simple} = 0.22$，$p > 0.05$）的作用。在攻击行为持续时间指标上，自恋对持续时间的预测作用显著 [$\beta = 0.44$, $t(69) = 4.18$, $p < 0.01$]；状态自尊对持续时间的预测作用显著 [$\beta = -0.37$, $t(69) = -3.47$, $p < 0.01$]；状态自尊在自恋与攻击行为持续时间指标之间的调节作用显著 [$\beta = -0.53$, $t(68) = -2.67$, $p < 0.01$]。进一步简单斜率检验（Preacher, Curran, & Bauer, 2006）表明，低状态自尊水平（$b_{simple} = 1.10$，$p < 0.001$）在自恋与攻击行为持续时间指标之间所起到的作用要强于高状态自尊水平（$b_{simple} = 0.03$，$p > 0.05$）的作用。

表7-2 自恋、状态自尊及其交互作用对攻击行为噪声大小和持续时间的预测作用

项目	噪声大小指标					持续时间指标				
	B	SE	β	t	R^2	B	SE	β	t	R^2
Block1					0.60**					0.54**
自恋	0.79	0.16	0.48	4.80**		0.73	0.17	0.44	4.18**	
状态自尊	-0.61	0.16	-0.37	-3.69**		-0.61	0.17	-0.37	-3.47**	
Block2					0.64*					0.59**
自恋×状态自尊	-0.39	0.19	-0.19	-2.06*		-0.53	0.19	-0.25	-2.67**	

分别以状态自尊得分高于平均数加一个标准差为高分组、低于平均数减一个标准差为低分组，根据回归方程计算出不同自恋水平儿童在攻击行为噪声大小和持续时间指标上的得分，简单斜率图分别如图7-2和图7-3所示。低状态自尊水平的儿童随着自恋水平的升高，其攻击行为得分也逐渐升高；高状态自尊水平的儿童随着自恋水平的升高，其攻击行为得分并未显著升高。

7 研究四：威胁情境下自尊对儿童自恋人格与攻击行为的调节作用

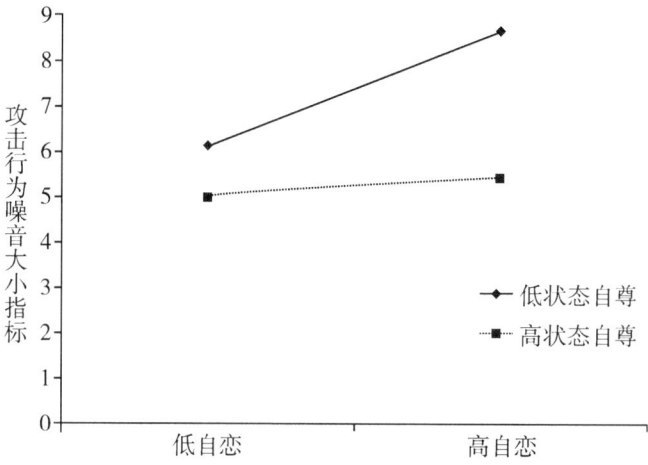

图7-2 状态自尊水平自恋与攻击行为持续时间的调节作用

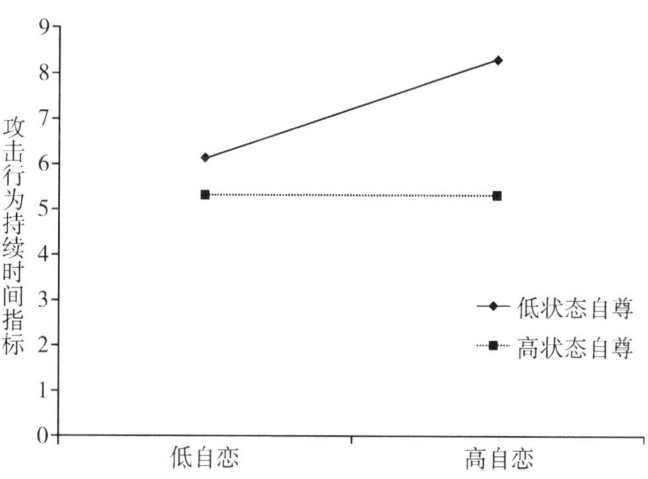

图7-3 状态自尊水平自恋与攻击行为持续时间的调节作用

7.3.3 威胁情境下自恋对攻击行为的影响：内隐自尊的调节作用

分别以攻击行为的两个指标噪声大小和持续时间为因变量进行回归分析，建立自恋、内隐自尊及其交互作用对攻击行为影响的回归方程。将儿童的自恋得分和内隐自尊得分中心化，并将二者中心化得分相乘后得到自恋与内隐自尊的交互作用项，将自恋与内隐自尊放入第一层回归，自恋与内隐自尊的交互作用进入第二层。结果（见表7-3）显示，在攻击行为噪声大小指标上，自恋显著正向预测攻击行为噪声大小指标［$\beta = 0.37$，$t(69) = 3.53$，$p < 0.01$］；内隐自尊显著负向预测攻击行为噪声大小指标［$\beta = -0.44$，$t(69) = -4.26$，$p < 0.01$］；自恋与内隐自尊的交互项显著负向预测攻击行为噪声大小指标［$\beta = -0.36$，$t(68) = -3.76$，$p < 0.01$］。进一步简单斜率检验表明，低内隐自尊水平（$b_{simple} = 1.14$，$p < 0.001$）在自恋与攻击行为噪声大小指标之间所起到的作用要强于高内隐自尊水平（$b_{simple} = 0.02$，$p > 0.05$）的作用。在攻击行为持续时间指标上，自恋对持续时间的预测作用显著［$\beta = 0.46$，$t(69) = 4.77$，$p < 0.01$］；内隐自尊对持续时间的预测作用显著［$\beta = -0.41$，$t(69) = -4.05$，$p < 0.01$］；内隐自尊在自恋与攻击行为持续时间指标之间的调节作用显著［$\beta = -0.31$，$t(68) = -3.29$，$p < 0.01$］。简单斜率检验（Preacher，Curran，& Bauer，2006）表明，低内隐自尊水平（$b_{simple} = 1.16$，$p < 0.001$）在自恋与攻击行为持续时间指标之间所起到的作用要强于高内隐自尊水平（$b_{simple} = 0.22$，$p > 0.05$）的作用。

表7-3 自恋、内隐自尊及其交互作用对攻击行为噪声大小和持续时间的预测作用

项目	噪声大小指标					持续时间指标				
	B	SE	β	t	R^2	B	SE	β	t	R^2
Block1					0.25**					0.28**
自恋	0.58	0.16	0.37	3.53**		0.69	0.15	0.46	4.47**	
内隐自尊	-0.69	0.16	-0.44	-4.26**		-0.62	0.15	-0.41	-4.05**	
Block2					0.37**					0.38**
自恋×内隐自尊	-0.55	0.15	-0.36	-3.76**		-0.46	0.14	-0.31	-3.29**	

分别以内隐自尊得分高于平均数加一个标准差为高分组、低于平均数减一个标准差为低分组，根据回归方程计算出不同自恋水平儿童在攻击行为噪声大小和持续时间指标上的得分，简单斜率图分别如图7-4和图7-5所示。低内隐自尊水平的儿童随着自恋水平的升高，其攻击行为得分也逐渐升高；高内隐自尊水平的儿童随着自恋水平的升高，其攻击行为得分趋于平缓。

7　研究四：威胁情境下自尊对儿童自恋人格与攻击行为的调节作用

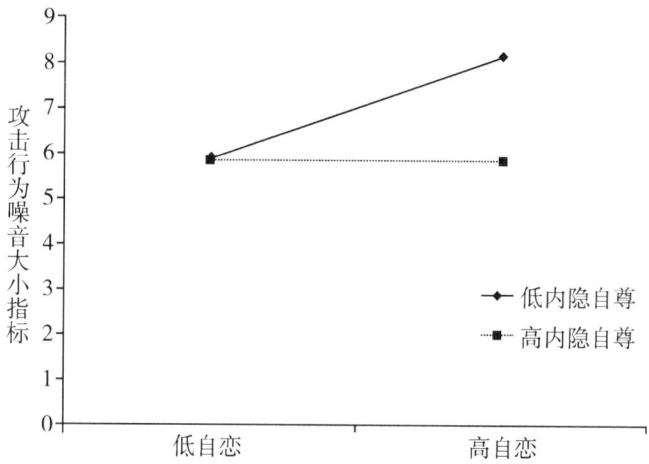

图7-4　内隐自尊水平自恋与攻击行为噪声大小之间的调节作用

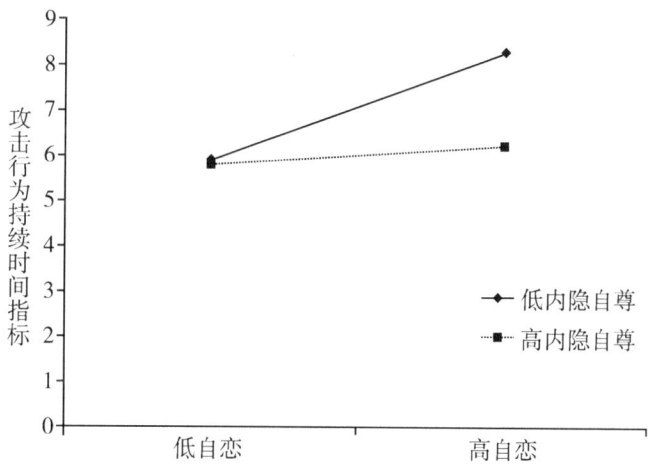

图7-5　内隐自尊水平自恋与攻击行为持续时间的调节作用

7.4　讨论

研究四分别从状态自尊和内隐自尊的角度探讨其在威胁情境下儿童自恋与攻击行为之间的调节作用，结果发现状态自尊与内隐自尊在自恋与攻击行为噪声大小指标之间的调节作用显著，低状态自尊在自恋与攻击行为噪声大小指标之间所起到的作用要强于高状态自尊水平，并且，低内隐自尊水平在自恋与攻击行为噪声大小指标之间所起到的作用要强于高内隐自尊水平的作用。研究者们在探讨自恋与攻击行为的关系时，在考虑到情境变量的同时，也逐渐将视角拓展到自我观的另一成分——自尊的影响。研究者们认为，由于自恋的个体具有不稳定的自尊，对负性反馈更为敏感，也就是说自恋的个体在自我概念受到威胁时具有易损性特征，从而在自我威胁情境下，自恋的个体具有更多的攻击行为（Baumeister，Bushman，& Campbell，2000；Baumeister，Smart，& Boden，1996；Bushman & Baumeister，1998）。研究四中对调节作用的探讨分别从状态自尊和内隐自尊两个角度层层展开。尽管面具模型和自我威胁理论都认为自尊在自恋与攻击之间存在一定的关系，但二者的不同在于：面具模型认为低自尊水平导致自恋个体的攻击行为；而自我威胁论则认为高自尊水平导致自恋个体的攻击行为。本研究结果支持面具模型，无论是外显层面的状态自尊抑或是内隐自尊都表现出低自尊水平在威胁情境下自恋与攻击之间的强大预测作用。面具模型强调自恋的个体通过对自我夸大感的面具来掩饰内在的低自尊（Zeigler-Hill & Besser，2013）。而造成自我威胁论差异的一种可能是，该理论中最开始提出的高自尊在发展的演变中实则是一种异质性高自尊，并非真实健康的高自尊，很大限度上可能是这种混淆造成了结果的差异。

　　相比于特质自尊，状态自尊对人际关系的即时监控，即个体在当前情境中对被接纳或排斥的感受和监控更为敏感（Leary et al.，2003）。当个体感受到被排斥时，个体状态自尊水平的下降所引发的消极情感会作为一种信号，用于促使个体进行修复和调整，并在一定程度上会导致状态自尊发生变化（Leary，Twenge，& Quinlivan，2006）。Bushman 等人（2009）对先前研究进行验证的结果发现，高自恋的个体在高自尊水平下攻击性最高，自恋且具有低自尊的个体体验更多的社交焦虑，相比于此，自恋且具有高自尊水平的个体在社会情境互动中倾向于占有支配和主导地位，当与互动者出现冲突或意见不统一时，更倾向于更高的攻击行为。本研究结果与此不一致，造成这种差异的很大一部分原因是状态自尊的调节功能。相比于低自尊的群体，自恋的儿童在具有高自尊时更具有攻击性（Golmaryami & Barry，2010；Thomaes et al.，2008）。Nelemans 等人（2012）研究发现，自恋的儿童在具有低自尊时会表现出更多的社交焦虑，高自尊的儿童并非如此。Vohs 和 Heatherton（2004）研究发现，当个体受到自我威胁时，高状态自尊的个体会更多选择下行社会比较；低状态自尊的个体倾向于选择更多的上行社会比较。Fanti 和 Henrich（2015）研究发现，自恋且具有低自尊的儿童普遍具有较高的不良社会行为，如欺负和攻击行为。一直以来，低自尊被认为是攻击和反社会行为的风险性因素，研究者们认为个体因低自我评价产生自卑感从而导致攻击行为，并且低自尊的青少年往往具有较弱的社会关系（Donnellan et al.，2005）。社会计量器理论提出自尊系统在本质上是人际关系的心理计量器，监控个体人际关系质量的同时，激发个体为维持被接纳的需要而付出行动与改变（Leary，1995；张林、曹华英，2011）。并且，Leary（1995）认为个体具有普遍和强烈的动机去维持和增强自尊，实质上是因为自尊在满足个体基本归属需要中起到重要作用，如自尊反映出个体避免社会排斥的需要。

Zeigler-Hill 等人（2013）提出高自尊的压力缓冲模型（stress-buffering model of high self-esteem），认为自尊能够缓冲个体由于消极经验（如失败）所带来的不良后果。高自尊个体往往有更积极的态度，相对而言，不易受外界影响，更看重自己的想法，而更少关心社会期望和社会比较；低自尊的个体则更可能抑郁，感觉到害羞和不自信，有更多心理压力和恐惧（段锦云、古晓花、孙露莹，2016）。研究四的结果与以上研究一致。Baumeister 和 Vohs（2001）将动态自我调节过程模型进行拓展，认为自恋人格是由于个体对自尊成瘾而逐步发展而成，自恋的个体为维持自尊而希望在人际关系中不断获得他人的肯定与赞扬。自恋并不具有自我关注的强大稳定模式，而是自我感觉良好时其自我观是升高的，并反复交替着自我感觉不良时自我观的降低（Rhodewalt，Madrian，& Cheney，1998）。当自恋的个体为了达到对自我满意而试图寻找途径时，他们往往使用"自尊修复"的策略。当自恋的个体无法建构夸大的自我观时，他们甚至会变得愤怒和产生攻击行为。正常的个体追求自尊是为了获得能力感和价值感，而自恋者对自尊的追求和维持却与此不同，如是由对自我认知的积极错觉导致，或为了避免消极反馈从而不断追求和维持自尊。

Thomaes 等人（2008）发现高自尊自恋者更倾向于产生攻击行为，特别是自恋者在受到羞辱之后。高自尊自恋者对羞耻事件更加敏感，个体感受到威胁后采取的攻击行为是对维持自我价值的防御努力。Thomaes 指出自尊类型与水平在自恋与攻击行为间存在重要的间接作用，高自尊增加了高自恋者的攻击行为，低自尊减少和消除甚至阻止了高自恋者的攻击行为，而这一结论与已有低自尊增加攻击行为的观点和自我威胁理论是相矛盾的（Bushman & Baumeister，1998；王曼等，2010）。究其原因，这可能是自恋与自尊相互作用出现的结果，因为高自恋者通常自尊水平较高，尤其表现为外显自尊水平高而内隐自尊水平低（Jordan et al.，2003），他们认为自身具有优越性和享有特权，能够依靠自己的力量和权利去利用、支配和操纵他人，同时具有较不切实际的高自尊水平与自我价值感（Besser & Priel，2010），这促使他们倾向于产生直接攻击行为，作为稳固社会地位的策略（Fossati et al.，2010）。与之相比，外显自尊水平较低而内隐自尊水平较高的自恋者，他们的自尊具有一定的隐匿性，特别依赖于他人的观点与看法，对积极反馈和社会赞赏更加敏感（Maxwell et al.，2011），其自尊水平取决于个体是否受到期望的积极反馈和内部反应，若无法获得他人对自己所期望的积极反馈和社会评价、奖励或者倾慕等，会倾向于产生间接攻击行为来补救和维护受损的自我价值（Munoz et al.，2013）。因此，在日后的研究中，应将自尊纳入自恋与攻击行为中，考虑自尊与自恋对攻击行为或者其他社会行为产生的联合作用与交互作用（Zeigler-Hill & Besser，2013）。研究四的结果也为进一步从提高自尊的角度来降低攻击行为提供了重要的参考。

7.5 结论

本研究可以得出以下结论：

（1）儿童的状态自尊对威胁情境下儿童高自恋与攻击行为存在显著的调节作用：低状态自尊水平的儿童随着自恋水平的升高，其攻击行为得分也逐渐升高；高状态自尊水平的儿童随着自恋水平的升高，其攻击行为得分趋于平缓。

（2）儿童的内隐自尊对威胁情境下儿童高自恋与攻击行为存在显著的调节作用，低内隐自尊水平在自恋与攻击行为之间所起到的作用要强于高内隐自尊水平的作用。

8 研究五：威胁情境下自我肯定对高自恋儿童攻击行为的缓冲作用

研究四通过两个子研究探讨威胁下自尊在儿童自恋与攻击行为之间的可能作用，结果发现，状态自尊和内隐自尊均对此具有显著的调节作用。并且，表现在低状态自尊水平在自恋与攻击行为噪声大小指标之间所起到的作用要强于高状态自尊水平的作用，低内隐自尊的作用亦如此，两种不同自尊水平的调节作用方向是一致的。也就是说，相比于高状态和高内隐自尊的儿童，低状态和低内隐自尊的自恋儿童在威胁情境下表现出更高水平的攻击行为。那么，基于以上结论，如果在威胁情境下给予高自恋儿童提升自尊的操纵，是否会通过此起到缓冲攻击行为的作用呢？研究五针对以威胁情境下的高自恋儿童为被试群体，采用自我肯定的经典实验范式，采用行为和生理两种指标，从不同角度探讨不同自我肯定操纵下高自恋儿童在威胁情境中攻击行为的变化，为进一步揭示自我肯定是否对高自恋儿童在威胁下的攻击行为起到一定的缓冲作用。

8.1 研究五A 威胁情境下自我肯定对高自恋儿童攻击行为的缓冲作用——行为指标

8.1.1 研究目的与研究假设

研究目的：探讨威胁下自我肯定对高自恋儿童攻击行为的缓冲作用。

研究假设：相比于控制组，自我肯定组下高自恋儿童的攻击行为有所下降。

8.1.2 研究方法

8.1.2.1 被试

采用儿童自恋量表对哈尔滨市某小学三年级共280名儿童进行调查，要求儿童写下班级和姓名。采用Gpower 3.1软件对实验每组所需被试人数进行计算，抽选出72名高自恋水平儿童作为实验被试（平均年龄 $M = 9.02$，$SD = 0.53$，男生占比 53.7%）。在攻击行为竞争反应时任务中有效被试为72名儿童。

8.1.2.2 实验设计

为了多角度探讨自我肯定对高自恋儿童攻击行为的影响，分别从行为指标和生理指标两个层面进行实验，两个指标都在同一实验过程中收集。

采用2（自我肯定操纵：肯定组和控制组）×2（测量时间：前测和后测）混合实验设计，其中测量时间为被试内变量，自我肯定操纵为被试间变量，因变量为攻击行为指标音量大小和持续时间。

8.1.2.3 实验材料

（1）儿童自恋量表。采用Thomaes等人（2008）编制的儿童自恋量表来测量儿童中期至青少年阶段的自恋水平，该量表由10道题构成，如"我觉得与众不同很重要"，要求儿童根据真实的情况选出符合自己的选项。问卷采用Likert 4点计分，分数越高代表儿童的自恋水平越高，在研究五中该量表的信度为0.83。

（2）自我价值肯定材料。采用Cohen等人（2006）发表在 *Science* 杂志上的文章的一个研究中使用的实验材料，已有研究使用该材料进行自我价值肯定组的干预，具有良好的信效度（Thomaes et al., 2009; Reijntjes et al., 2010; Thomaes et al., 2012）。实验材料中12项自我价值包括运动技能好、热爱艺术、聪明或取得好成绩、富有创造力、独立、活在当下、有团体归属感、擅长并喜爱音乐、了解政治时事、信仰虔诚、良好的同伴关系或亲子关系、幽默感。考虑到个别项目在我国及儿童群体的适用性，在使用前随机选取30名三年级儿童对此进行重要价值排序，在正式实验中仅采用9项，分别为：聪明或取得好成绩、运动技能好、富有创造力、幽默感、独立、热爱艺术、擅长并喜爱音乐、良好的同伴关系或亲子关系、有团体归属感。

（3）行为指标——攻击行为测量。同研究四。

8.1.2.4 实验程序

第一阶段，将抽选出的72名高自恋水平儿童分为两组，随机分配肯定组36人，控制组36人。

第二阶段，将第一组9名被试带到单独的小房间中，在实验开始前告知以下指导语：①他们9名同学将要进行8轮比赛，前5轮是排位赛，然后由计算机为被试随机选定一个对手进行3轮惩罚赛，可以先练习后再进行比赛。②比赛的名称叫"看谁按得快"，要求被试在看到屏幕上出现红色方块时立刻按下空格键，速度快的一方为赢家，在最后3轮惩罚赛中赢家可以给对手惩罚。惩罚包括两种：第一种是传递信息，第二种是制造一段噪声，计算机会随机分配其中一种奖励给赢家，噪声惩罚为刺激性的枪声，噪声强度和持续时间由赢家来设定，噪声强度分为9个等级（1级为最低，60 db；9级为最高，100 db。分别对应1～9的数字按键），持续时间也分为9个等级（1级为最低，1 s；9级为最高，9 s。分别对应1～9的数字按键）。③完成指导语后，给被试戴上耳麦先进行练习，然后进行比赛。

实际上，该比赛并不存在对手，被试在试验中的胜负都是由计算机提前设置好的。为保证被试对排名的认可程度，让被试进行5轮排位赛，然后按照平均成绩进行排名，计算机给被试呈现的名次为第五名，被试看到自己的排名后，再进行第六轮比赛，在这里计算机将会预先给出被试是排名第一的对手，第六轮比赛计算机将设置为被试胜出，分配给被试的奖励是制造噪声，第七轮比赛计算机将设置为对手胜出，对手选择给予被试传递信息，信息内容为："你的速度太慢，赢你太轻松了"。第七轮比赛结束后给肯定组提供一张列有9项自我价值感的清单，被试也可以在清单加上自己所具有的清单上没有呈现的自我价值，要求被试从中选出2～3条自认为最重要的价值感，在纸上写下该价值感发生在自己身上的次数，并且写下该价值感对自己重要的原因。要求被试写下最真实的感受，出现拼写和语法错误不影响，该过程控制在15分钟之内，写完后放入信封交给主试。给控制组被试也提供一张列有9项自我价值感的清单，要求被试选2～3项自认为不重要的自我价值，并写下这些价值可能对他人比较重要的原因。写作要求和时间同自我价值肯定组。填写完毕后进行第八轮比赛，第八轮比赛计算机将设置为被试胜出，分配给被试的奖励是制造噪声，根据被试为对方设置噪声的大小和持续时间，可以测得被试在肯定与控制情境下的攻击行为指标变化。完成游戏比赛后，被试为对手所设置的攻击行为指标的数据将由 E-prime 软件自动记录。

第三阶段，在比赛结束后，要求被试完成威胁知觉问卷，以检验情境操纵的有效性。并且，在实验结束后向被试解释真相，请求被试理解并赠送精美小礼物。

实验程序如图 8-1 所示。

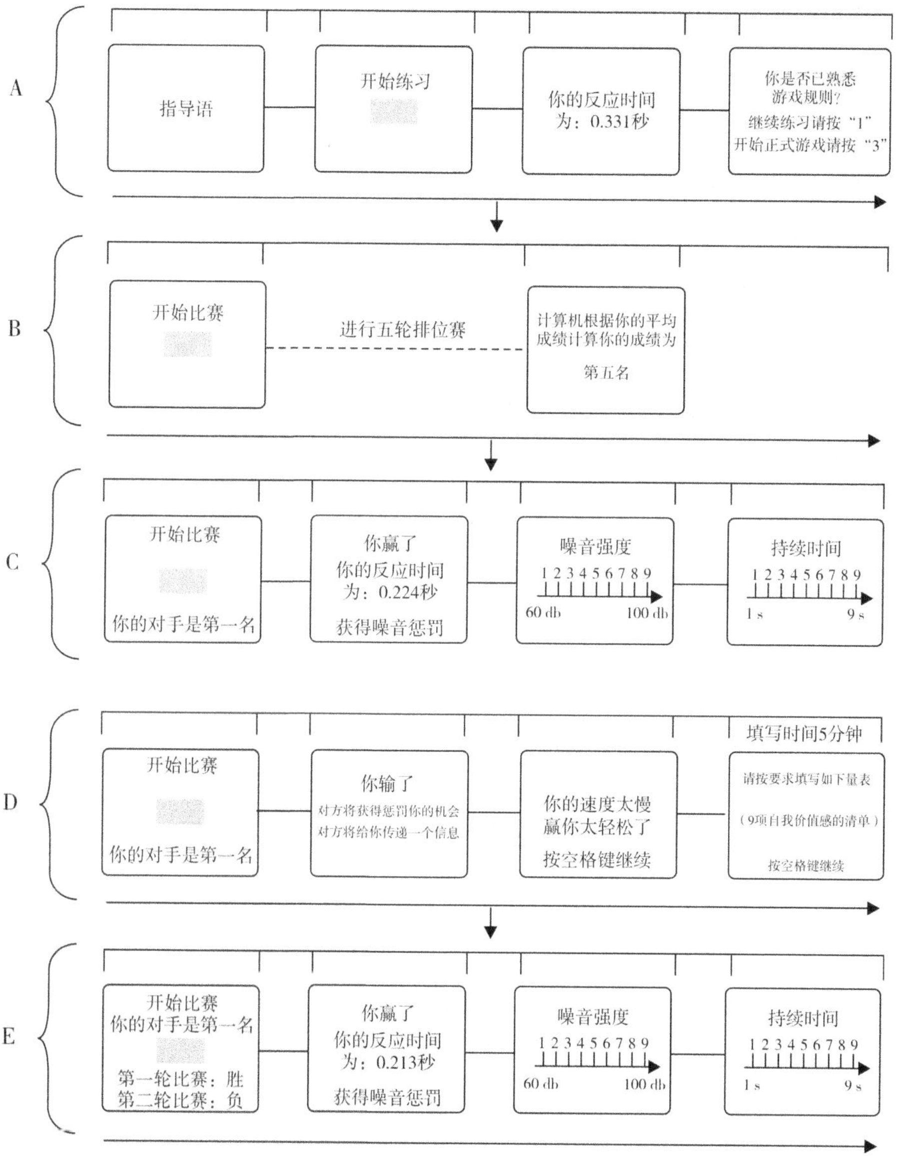

8 研究五：威胁情境下自我肯定对高自恋儿童攻击行为的缓冲作用

图 8-1 实验程序

（说明：图中色块表示实验程序呈现图片。）

8.1.2.5 统计方法

使用 SPSS 21.0 进行数据分析。

8.1.3 结果分析

8.1.3.1 实验操纵有效性检查

采用威胁知觉问卷在实验后对两组儿童进行检验，结果发现，儿童在该问卷得分平均数标准差为 4.07 ± 0.47，与前面操纵检查相比较，威胁操纵有效。此外，分别对自我肯定组和控制组两组高自恋儿童在攻击行为的前测得分进行检验，结果发现在噪声大小和持续时间指标上，两个组攻击得分无显著差异（$p < 0.05$），这说明随机分组有效。

8.1.3.2 测量时间与自我肯定对噪声大小的影响

表 8-1 为高自恋水平儿童在自我肯定操纵下噪声大小的描述统计量。从表中可见，在自我肯定操纵条件下，高自恋儿童的攻击行为噪声大小指标的后测得分要低于前测；在控制组条件下，高自恋儿童的攻击行为噪声大小指标的后测得分要高于前测。

表 8-1　高自恋水平儿童在自我肯定操纵下噪声大小的描述统计量（$M \pm SD$）

组别	前测（$n = 36$）	后测（$n = 36$）
自我肯定组	5.26 ± 0.75	3.12 ± 0.97
控制组	5.24 ± 0.98	7.88 ± 0.94

对噪声大小指标进行方差齐性检验，结果为：$F = 2.47$，$p > 0.05$，方差呈齐性。以自我肯定两个水平（自我肯定组、控制组）为被试间变量，测量时间（前测、后测）为被试内变量，噪声大小为因变量进行重复测量方差分析，根据满足球形假设（$p > 0.05$）则参照 Sphericity Assumed 项，不满足球形假设（$p < 0.05$）则参照 Greenhouse-Geisser 项（刘红云、张雷，

2005),得到方差分析结果如下(见表8-2)。方差分析结果表明,自我肯定主效应显著 $[F(1,70)=188.37, p<0.001]$;测量时间的主效应不显著 $[F(1,70)=2.98, p>0.05]$;自恋与情境的交互作用显著 $[F(1,70)=272.25, p<0.01]$。根据Cohen的方差分析效果大小标准,即当 $\eta^2=0.01$ 时为小的效果,当 $\eta^2=0.06$ 时为中的效果,当 $\eta^2=0.15$ 时为大的效果,对统计检验力和效果大小进行分析。可见,自我肯定的 $\eta^2=0.74>0.15$,属于大的效果,统计检验力为1;测量时间的 $\eta^2=0.04>0.15$,属于小的效果,统计检验力为0.39;自我肯定与测量时间交互作用的 $\eta^2=0.81>0.15$,属于大的效果,统计检验力为1。

表8-2 自我肯定与测量时间对噪声大小影响的方差分析

项目	SS	df	MS	F	p	η^2	power
自我肯定	190.59	1	190.59	188.37	0.001	0.74	1.00
测量时间	2.13	1	2.13	2.98	0.089	0.04	0.39
自我肯定×测量时间	195.36	1	195.36	272.25	0.001	0.81	1.00

结果发现,自我肯定与测量时间存在交互作用 $[F(1,70)=272.25, p<0.01]$(见图8-2),因此进行简单效应分析。结果(见表8-3)发现,在自我肯定操纵下,高自恋儿童在攻击行为噪声大小指标上差异显著 $[F(1,70)=73.37, p<0.001]$,表现在相比于前测的攻击行为指标,高自恋儿童在威胁情境下后测的攻击行为水平明显下降;在控制组条件下,高自恋儿童在攻击行为噪声大小指标上具有显著性差异 $[F(1,70)=119.12, p<0.001]$,高自恋儿童在威胁情境下攻击行为指标的后测水平要高于前测攻击行为的指标。在前测阶段,高自恋儿童在威胁情境下攻击行为噪声大小指标差异不显著 $[F(1,70)=0.02, p>0.05]$;在后测阶段,高自恋儿童在威胁情境下攻击行为噪声大小指标上具有显著性差异 $[F(1,70)=403.94, p<0.001]$。

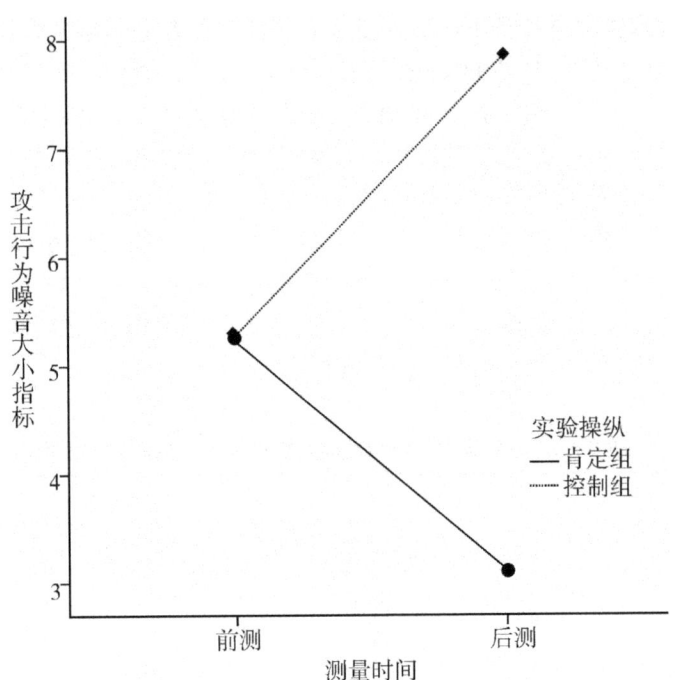

图 8 - 2　自我肯定与测量时间的交互作用

表 8 - 3　自我肯定和测量时间在噪声大小上交互作用的简单效应分析

变异来源		SS	df	MS	F	p
a	b_1	0.01	1	0.01	0.02	0.890
	b_2	385.94	1	385.94	403.94	0.001
b	a_1	78.37	1	78.37	110.01	0.001
	a_2	119.12	1	119.12	167.22	0.001

注：a 为自我肯定处理，a_1 为自我肯定组，a_2 为控制组；b 为测量时间，b_1 为前测，b_2 为后测，以下同。

8.1.3.3　自我肯定与测量时间对持续时间的影响

表 8 - 4 为因变量指标持续时间的描述统计量。从表中可见，在自我肯定操纵条件下，高自恋儿童的攻击行为持续时间指标的后测得分要低于前测；在控制组条件下，高自恋儿童的攻击行为持续时间指标的后测得分要高

8 研究五：威胁情境下自我肯定对高自恋儿童攻击行为的缓冲作用

于前测。

表8-4 高自恋水平儿童在自我肯定操纵下持续时间的描述统计量（$M \pm SD$）

组别	前测（$n=36$）	后测（$n=36$）
自我肯定组	6.26±1.02	3.21±0.94
控制组	6.15±1.41	7.91±1.28

对持续时间指标进行方差齐性检验，结果为：$F=2.23$，$p>0.05$，方差呈齐性。以自我肯定两个水平（自我肯定组、控制组）为被试间变量，测量时间（前测、后测）为被试内变量，持续时间为因变量进行重复测量方差分析，根据满足球形假设（$p>0.05$）则参照Sphericity Assumed项，不满足球形假设（$p<0.05$）则参照Greenhouse-Geisser项（刘红云、张雷，2005），得到方差结果如下（见表8-5）。方差分析结果表明，自我肯定主效应显著，测量时间的主效应不显著，自恋与情境的交互作用显著。自我肯定的主效应显著[$F(1, 70)=110.19$，$p<0.01$]，测量时间的主效应显著[$F(1, 70)=12.04$，$p<0.01$]。自我肯定与测量时间交互作用[$F(1, 70)=167.33$，$p<0.01$]。根据Cohen的方差分析效果大小标准，即当$\eta^2=0.01$时为小的效果，当$\eta^2=0.06$时为中等效果，当$\eta^2=0.15$时为大的效果，对统计检验力和效果大小进行分析。可见，自我肯定的$\eta^2=0.62>0.14$，属于大的效果，统计检验力为1；测量时间的$\eta^2=0.15>0.14$，属于大的效果，统计检验力为0.92；自我肯定与测量时间交互作用的$\eta^2=0.71>0.14$，属于大的效果，统计检验力为1。

表8-5 自我肯定与测量时间对持续时间影响的方差分析

项目	SS	df	MS	F	p	η^2	power
自我肯定	178.94	1	178.94	110.19	0.01	0.62	1.00
测量时间	12.23	1	14.23	12.04	0.01	0.15	0.92
自我肯定×测量时间	197.76	1	197.76	167.33	0.001	0.71	1.00

结果发现，自我肯定与测量时间存在交互作用[$F(1, 70)=167.33$，$p<0.01$]（见图8-3），因此进行简单效应分析。结果（见表8-6）发现，在自我肯定操纵下，高自恋儿童在攻击行为持续时间指标上差异显著

$[F (1, 70) = 134.59, p < 0.001]$，高自恋儿童在威胁情境下攻击行为指标的后测水平要显著低于前测攻击行为的指标；在控制组条件下，高自恋儿童在攻击行为持续时间指标上具有显著性差异 $[F (1, 70) = 52.94, p < 0.001]$，表现在相比于前测的攻击行为指标，高自恋儿童在威胁情境下后测的攻击行为水平明显上升。在前测阶段，高自恋儿童在威胁情境下攻击行为持续时间指标差异不显著 $[F (1, 70) = 0.15, p > 0.05]$；在后测阶段，高自恋儿童在威胁情境下攻击行为持续时间指标上具有显著性差异 $[F (1, 70) = 294.77, p < 0.001]$。

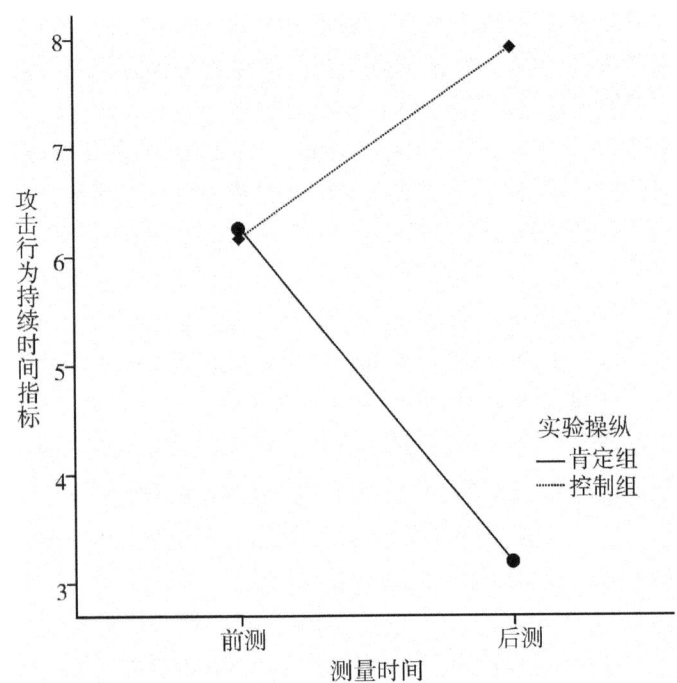

图8-3 自我肯定与测量时间的交互作用

表8-6 自我肯定和测量时间在持续时间上交互作用的简单效应分析

变异来源		SS	df	MS	F	p
a	b_1	0.24	1	0.24	0.15	0.696
	b_2	376.47	1	376.47	294.77	0.001

续上表

变异来源		SS	df	MS	F	p
b	a₁	159.06	1	159.06	134.59	0.001
	a₂	52.94	1	52.94	44.80	0.001

8.2 研究五 B 威胁情境下自我肯定对高自恋儿童攻击行为的缓冲作用——生理指标

8.2.1 研究目的与研究假设

研究目的：探讨威胁下自我肯定对高自恋儿童攻击行为的缓冲作用。

研究假设：相比于控制组，自我肯定组下高自恋儿童的攻击行为有所下降。

8.2.2 研究方法

8.2.2.1 被试

与研究五 A 为同一批被试，由于在皮质醇浓度测量中，8 名儿童唾液皮质醇指标无效，所以在数据处理中有效数据为 64 名儿童。

8.2.2.2 实验设计

采用 2（自我肯定操纵：肯定组、控制组）× 4（测量时间：基线期、威胁期、操纵期和恢复期）混合实验设计，其中自我肯定操纵为被试间变量，测量时间为被试内变量，因变量为儿童唾液皮质醇的浓度。

8.2.2.3 实验材料

（1）儿童自恋量表。同研究五 A。

（2）自我价值肯定材料。同研究五 A。

（3）生理指标——唾液皮质醇浓度测量。唾液收集采用专门的唾液收集试管，要求儿童将棉签放入口中咀嚼至湿润，将收集好唾液的试管立即放入低温恒温箱，再移至冰箱低温保存。采用人皮质醇（Cortisol）酶联免疫分析（ELISA），由上海市某生物科技有限公司提供的试剂盒测定标本中人皮质醇水平。本试剂盒应用双抗体夹心法进行测量，用纯化的人皮质醇捕获抗体包被微孔板，制成固相抗体，往包被的微孔中依次加入人皮质醇，再与 HRP 标记的检测抗体结合，形成抗体-抗原-酶标抗体复合物，经过彻底洗涤后加底物 TMB 显色，TMB 在 HRP 酶的催化下转化成蓝色，并在酸的作用下转化成最终的黄色。颜色的深浅和样品中的人皮质醇呈正相关。用酶标仪在 450 nm 波长下测定吸光度（OD 值），通过标准曲线计算样品中人皮质醇的含量。

人皮质醇水平在清晨起床后 30 分钟急剧升高，并在起床后 35～40 分钟达到最高值，随后在一天内逐渐下降（Wilhelm et al., 2007）。因此为了避免唾液皮质醇自身节律性分泌波动性的影响，实验统一在下午进行唾液采集，基线水平的唾液皮质醇提前在班级获取，其他阶段均在现场的实验情境中测量获得。

（4）实验程序。同研究五 A，仅在不同的时间阶段完成儿童唾液皮质醇的收集，儿童唾液皮质醇取样收集流程见图 8-4。

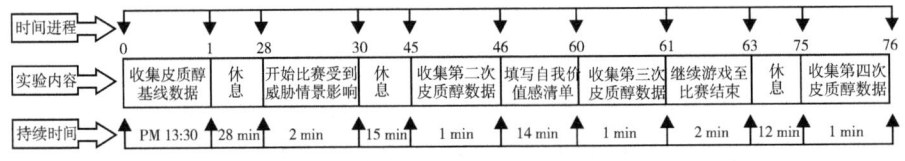

图 8-4 儿童唾液皮质醇取样流程

（5）统计方法。采用 Excel 进行唾液皮质醇浓度数据的初步整理，使用 SPSS 21.0 进行数据分析。

8.2.3 结果分析

研究五 B 旨在探讨威胁情境下高自恋儿童自我肯定与测量时间对皮质醇浓度的影响，在两种不同的自我肯定操纵条件下，在以下不同阶段，包括基线期、威胁期、实验处理期和恢复期，儿童唾液皮质醇浓度的描述统计见

8 研究五：威胁情境下自我肯定对高自恋儿童攻击行为的缓冲作用

表8-7。结果发现，在自我肯定条件下，儿童的唾液皮质醇浓度在威胁阶段 T_2 开始上升，在接受自我肯定处理阶段 T_3 逐渐下降，在恢复期 T_4 趋于稳定；在控制组条件下，儿童的唾液皮质醇浓度在威胁阶段 T_2 开始上升，在接受控制组处理 T_3 和恢复期阶段 T_4 并未出现明显下降。此外，在方差分析之前进行方差齐性检验，对重复测量之间方差齐性进行检验发现，通过四次测量的方差的两个组呈齐性。

表8-7 两种实验条件在不同阶段的唾液皮质醇浓度（$M \pm SD$）

处理	T_1	T_2	T_3	T_4
自我肯定组	7.74 ± 1.25	9.27 ± 1.37	7.99 ± 1.31	7.44 ± 1.31
控制组	7.42 ± 1.32	9.08 ± 1.55	8.75 ± 1.40	8.08 ± 1.32

注：T_1 为皮质醇的基线值；T_2、T_3、T_4 分别为威胁阶段、自我肯定处理阶段和恢复期的皮质醇浓度，以下同。

在T1基线阶段，自我肯定组的高自恋儿童唾液皮质醇浓度要略高于控制组下高自恋儿童的唾液皮质醇浓度，为了控制基线值，也就是儿童基线唾液皮质醇水平对实验的影响，在数据分析中将唾液皮质醇的基线值作为协变量处理。于是，以自我肯定操纵（自我肯定组、控制组）作为被试间变量，测量时间不同阶段作为被试内变量，以儿童的唾液皮质醇浓度基线（T_1）作为协变量进行重复测量方差分析，结果发现，球形检验结果为 $p = 0.001$。可见，球形检验的结果拒绝球形假设，得到方差分析结果如下（见表8-8）。

表8-8 自我肯定操纵和测量时间的方差分析

项目	SS	df	MS	F	p	η^2	power
自我肯定	22.03	1	22.03	14.86	0.001	0.19	0.96
测量时间	1.12	2	0.56	2.45	0.090	0.04	0.47
T_1	236.52	1	236.52	159.67	0.001	0.72	1.00
自我肯定×测量时间	8.05	2	4.02	17.63	0.001	0.22	1.00
测量时间×T_1	0.41	2	0.20	0.88	0.410	0.02	0.19

方差分析结果表明，自我肯定操纵的主效应显著，测量时间的主效应不显著，基线期的主效应显著，自我肯定操纵与测量时间的交互作用显著，测

量时间与基线的交互作用不显著。自我肯定操纵主效应 $F(1, 61) = 14.86$，$p < 0.001$；测量时间主效应 $F(2, 60) = 2.45$，$p > 0.05$；自我肯定操纵与测量时间交互作用 $F(2, 60) = 17.63$，$p < 0.001$；测量时间与基线期交互作用 $F(1, 60) = 0.88$，$p > 0.05$。自我肯定操纵的 $\eta^2 = 0.19 > 0.15$，属于大的效果，统计检验力为 0.96；测量时间的 $\eta^2 = 0.04 < 0.06$，属于小的效果，统计检验力为 0.47；基线期的 $\eta^2 = 0.72 > 0.15$，属于大的效果，统计检验力为 1；自我肯定操纵与测量时间交互作用的 $\eta^2 = 0.22 > 0.15$，属于大的效果，统计检验力为 1；测量时间与基线期的 $\eta^2 = 0.02 < 0.06$，属于小的效果，统计检验力为 0.19。

自我肯定操纵的主效应显著 [$F(1, 61) = 14.86$，$p < 0.001$]，且结果发现高自恋儿童在肯定条件下唾液皮质醇浓度（$M = 8.07$，$SD = 0.12$）要低于控制条件下（$M = 8.78$，$SD = 0.12$）。进一步进行简单效应分析发现（见表8-9），在自我肯定条件下，儿童在不同测量时间阶段的唾液皮质醇浓度差异显著 [$F(2, 60) = 123.88$，$p < 0.001$]；在控制条件下，儿童在不同阶段的唾液皮质醇浓度达显著水平 [$F(2, 60) = 36.4$，$p < 0.001$]。在威胁阶段 T_2，儿童的唾液皮质醇浓度差异不显著 [$F(1, 61) = 0.27$，$p > 0.05$]；在实验处理阶段 T_3，儿童的唾液皮质醇浓度差异显著 [$F(1, 61) = 5.02$，$p < 0.05$]；在恢复阶段 T_4，儿童的唾液皮质醇浓度差异呈边缘显著 [$F(1, 61) = 3.81$，$p = 0.05$]（见图8-5）。

表8-9 自我肯定操纵与测量时间的简单效应分析

变异来源		SS	df	MS	F	p
a	b_1	0.59	1	0.59	0.27	0.603
	b_2	9.24	1	9.24	5.02	0.029
	b_3	6.58	1	6.58	3.81	0.050
b	a_1	56.46	2	28.23	123.88	0.001
	a_2	16.59	2	8.30	36.40	0.001

注：a 为自我肯定操纵，a_1 为自我肯定条件，a_2 为控制条件；b 为测量时间，b_1 为威胁阶段 T_2，b_2 为操纵阶段 T_3，b_3 为恢复阶段 T_4。

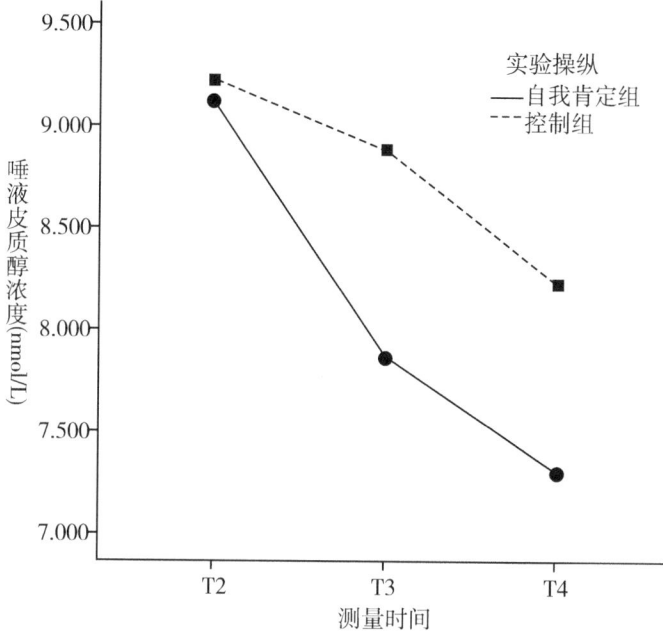

图 8-5　两种不同实验操纵下儿童皮质醇浓度的变化趋势

8.3　两个分研究的合并讨论

研究五 A 在行为指标的结果发现，相比于控制组，自我肯定操纵下威胁情境中高自恋儿童的攻击行为明显降低，这说明自我肯定能够缓冲高自恋儿童威胁下的攻击行为。Thomaes 等人（2009）采用 Cohen（2006）的实验范式，让自我确认组被试书写自认为最重要的价值以及为什么这些价值对他们如此重要。将 405 名平均年龄为 13.9 岁的儿童分为自我肯定组和控制组，结果发现，自我肯定组儿童的自恋并不引起攻击增加。胡心怡和陈英和（2017）发现内部自我肯定对降低个体高威胁情境下的消极情绪具有积极作用。研究五 A 的结果与此相一致，针对这个结果的一种解释是从自我概念清晰性的角度做出的。自我肯定理论认为，肯定个体的重要价值能够增强自我概念的清晰性，并进而维护自我的整体性（Schmeichel & Vohs，2009）。自我肯定通过提高个体的心理建构水平来增强自我调控，以增强个体的自我概念清晰性。已有研究认为自我肯定作为个体消除威胁的方式之一，通过自我整合来降低威胁（Tesser & Cornell，1991；Mussweiler, Gabriel & Bodenhausen，2000）。当儿童通过肯定自我核心价值来缓解在威胁下指向自我价值的威胁时，在不确定和不清晰的因素中来重新获得自我核心价值的确定性，使自我持有更积极的自我概念，从而达到对攻击行为的缓冲作用，降低高自恋儿童在威胁下的攻击行为。此外，自我肯定存在多种操纵方式，常用的包括肯定重要的价值观和肯定积极品质等。Stapel 等人（2011）进一步提出价值观自我肯定与积极品质肯定的内在机制不同，个人重要价值观肯定会增强个体自我概念的清晰性，并在缓解认知失调方面更为有效，这个观点再次验证了自我概念清晰性在自我肯定中所起到的重要作用。个体为了获得对外界的控制感和预测感，会不断地寻求或引发与其自我概念一致的反馈，从而保持并强化他们原有的自我概念，随着年龄的增长，个体更倾向通过对自我概念的肯定去维持控制感和预测感（Haimovitz & Corpus，2011）。

研究五 B 的结果发现，高自恋儿童在威胁情境中两种不同自我肯定操纵下，其唾液皮质醇浓度水平具有显著性差异。相比于控制组，在自我肯定操纵后儿童的唾液皮质醇浓度有所下降，直至恢复期。这在一定程度上，从生理指标的角度对行为结果进行了补充和验证。Ford 等人（2010）的研究发现，与自尊较高的个体相比，自尊较低的个体在受到社会排斥后更消极地评价自己，进行更多的自责归因，表现出更强烈的皮质醇反应，并随之产生更高的攻击性。本研究从自我肯定的角度，发现自我肯定后的实验组高自恋儿童会表现出唾液皮质醇水平的下降，从压力应激激素方面探讨攻击行为的变化，这一结果与行为指标上的结果相一致，从多个角度进行了发现与解释。另外，研究五 B 的结果发现在威胁情境下，实验组和控制组儿童的唾液皮质醇浓度均有所上升，这在生理指标的角度上再一次验证了研究三的结果，即高威胁下自恋儿童的压力增高，唾液皮质醇含量随之上升，而攻击行为作为一种社会不良行为，其行为反应也与生理激素密切相关。由于唾液皮质醇存在 10～20 分钟的延迟，因此第三次测量到的唾液皮质醇正是被试处在社会应激情境下的皮质醇水平，这与前人研究显示的社会应激能够引起轴的变化如唾液皮质醇的分泌增加是一致的。这说明社会评价应激确实能引起一系列情绪、生理反应的变化。当社会自我如社会评价受到威胁时，个体会对威胁进行觉知、评估自己的社会接纳程度等，这一系列过程使与自我相关的情绪（如羞耻、尴尬等）和自我评价发生变化，如果个体觉察到对自尊的威胁或认为被拒绝时，就会产生负性的自我相关情绪和自我评价，个体进行社会比较也可能会引发负性自我评价，从而导致生理反应激活等。这种社会自我保护系统能够调控威胁社会地位的环境，并且能够调节个体应对这些威胁的生理的、心理的和行为的反应。此外，自恋个体对社会评价具有较高的敏感性，这将增加其对评价性压力源的生理反应。自恋个体因具有不现实的积极自我观点而产生压力。研究发现，个体的自恋水平与皮质醇分泌密不可分，能够预测并影响皮质醇的分泌，自恋的男性比女性具有更高水平的皮质醇分泌（Edelstein，Yim，& Quas，2010；Pfattheicher，2016；Reinhard，2012）。社会自我保护理论（social self-preservation theory）证实了这一观点，自恋的个体对社会自尊和地位具有警惕性和敏感性，导致其内分泌系统的皮质醇分泌产生反应，往往自恋的个体其唾液皮质醇水平也相应升高（Dickerson & Kemeny，2004）。基于此，将来的研究应进一步探讨高自恋儿童由于其自恋人格所引起的生理反应过程，这值得研究者们重视。

8.4 结论

本研究可以得出以下结论：

（1）在行为指标上，自我肯定组具有显著的缓冲作用，通过自我肯定的操纵能够降低高自恋儿童在高地位威胁下的攻击行为。

（2）在生理指标上，自我肯定组具有显著的缓冲作用，通过自我肯定的操纵能够降低高自恋儿童在高地位威胁下的唾液皮质醇分泌含量。

9 综合讨论

有关自我与攻击行为的研究一直是发展心理学与社会心理学等领域关注的重点,研究者们从低自尊与攻击行为逐渐探究到自恋人格与攻击行为的关系。并且,意识到童年中期是个体人格,包括自恋人格形成和塑造的关键时期,研究者们亦将关注群体从成人群体转移到童年期阶段的儿童群体,更为关注在儿童人格形成重要阶段其对不良社会行为的影响。而以往针对此的研究较少从儿童群体展开,随着改革开放背景后的社会变迁,童年中期儿童对自我是持怎样的自我观?更多持积极或是消极看法?其自恋水平发展如何?在此基础上,童年中期儿童的自恋人格与攻击行为具有怎样的关系?只有具体掌握和了解自恋人格对攻击行为的影响机制,并能够在早期针对儿童的不良行为进行干预,才能够更好地降低日后攻击行为的风险性。通过正确培养儿童的自我观,可促进儿童的社会化发展。

9.1 童年中期的儿童对自我持积极评价

儿童在童年中期阶段对自我是怎样的认识?他们对自我更多持积极看法还是消极看法?预研究要求儿童对自我进行描述的结果发现,童年中期的儿童对自我的描述更为积极。研究一发现,童年中期儿童具有较高的自恋水平,与西方样本自恋儿童相一致,在童年中期阶段,中国儿童对自我持积极评价。

不同于较小儿童具体的自我表征,该阶段儿童更多用"受欢迎、聪明、愚笨"等词来描述自己。并且,与同伴关系逐渐变得更为重要,自我特征也越来越趋向人际化。从8岁开始,儿童的认知能力逐渐发展到具体运算阶段,该阶段的儿童认知结构发生重组,抽象推理能力逐步发展,其对自我的认识与评价也随之发生变化。大多数儿童对自我持积极的认识,不同于儿童早期夸大非现实性的自我评价,该阶段儿童对自我的评价逐渐趋于真实。已有研究发现,个体对自我形成较为真实的自我评价在7岁或8岁左右,该年龄的儿童能较为整体性地评价自己的能力和价值,关注自己在他人眼里的积极意象,面对批评更为敏感且容易产生羞耻感。自恋的许多特征出现于童年中期,包括高度的自我意识,对获得人际认同的高度关注,使用印象管理策

9 综合讨论

略创造积极自我观的倾向等（Thomaes et al., 2009）。从 7 岁或 8 岁开始，儿童对自我的评价变得更加真实，尽管一些儿童能够发展出真实的自我评价，但部分儿童仍存在膨胀夸大的自我观。从理论视角方面探讨，这个年龄的儿童开始建立基于社会比较的自我观，对自我的评价纳入越来越多社会比较的内容，逐渐认识到事物相互对立的特性（Bardenstein, 2009; Barry, Frick, & Killian, 2003; Thomaes et al., 2008）。

从认知发展的角度来看，将社会信息用于自我评价的能力需要儿童能够将一个概念同时关联到另一个概念，较小的儿童这种能力尚未发展。该阶段进行社会比较的主要动机是为了评估个人的能力，这与父母和教师经常会把儿童与其他儿童进行比较密不可分。此外，父母、教师和他人对儿童的评价这些社会性经验同样对儿童的自我观建构产生重要的影响。一项最新发表在美国科学院院报（*Proceedings of the National Academy of the United States of America*，PNAS）杂志上的纵向研究（Brummelman, 2015）针对 565 名儿童及其父母进行四次追踪研究，交叉滞后分析发现自恋人格是由童年期父母过度评价造成的。并且，自恋儿童的父母往往会高估自己孩子对常识性知识的掌握，并过度表扬儿童的表现，甚至为了让自己的孩子与众不同，会给孩子起非常特殊的名字。随着时间的迁移，这些社会化经验会导致儿童将这种优越性内化为对自己的看法（Brummelman et al., 2014）。美国社会心理学家库利提出的"镜像我"观点认为，自我是在社会交往活动中根据他人对自己的反应和评价建立起来的，不仅是个人，更是社会的产物，个体通过感知他人对自己的感知而获得对自我的认识，塑造自我观（Cooley, 1940）。如社会学习理论所述，当父母对儿童的评价表现为比其他人都要特殊和具有特权时，儿童会将父母的信念内化到自己的认知中，形成自我的夸大和特权，儿童自我观的形成受外在社会化经验影响，与此同时又内化到自我内部形成对自我的看法。

9.2 童年中期自恋人格对攻击行为的影响具有情境性

研究一通过对自恋人格与主动性攻击和反应性攻击关系的研究发现，儿童自恋人格对反应性攻击具有显著性正向预测作用。反应性攻击概念本身是指个体面对挑衅或挫折时愤怒的防御性反应威胁。在现实生活中，人们不得不面对环境中的各种威胁，比如对未来的不确定性、对自身或环境的不可控性、理想与现实的冲突等。自我威胁是对自我意识的威胁或对积极自我的质疑和抨击。研究者们从操作性角度对威胁进行操纵，其中直接给予负面反馈是较为经典的自我威胁之一，在操作上具有直接性和具体性，关于自我的负面反馈会使人们对当前的自我感受和理想的自我感受产生差异（Leary et al.，2009；VanDellen et al.，2011）。研究二在研究一的基础上，采用不同情境通过实验的方式，来证明威胁与自恋人格对攻击行为的影响。研究三在研究二的基础上，进一步探讨不同威胁来源下自恋人格对攻击行为的影响。结合自恋儿童自我观的夸大性和脆弱性，基于自我威胁理论，逐步递进地探讨威胁这一情境因素与不同自恋水平对攻击行为影响的重要作用，结果发现在高地位威胁情境下，高自恋的儿童具有更高的攻击行为，可以从以下几个方面对该结果进行解释。

第一，人格与情境的作用。较早一项元分析研究（Bettencourt et al.，2006）探讨了人格变量与攻击行为在中性和激起情境下的关系，把人格变量分为两类：一类是具有攻击倾向性的人格特质，如特质攻击性、特质易怒等，这些人格特质与激起不存在交互作用，即无论是激起还是中性条件下，这些人格特质与攻击行为无差异；另一类是敏感性人格特质，如自恋、冲动等人格特质，这些人格特质与激起存在交互作用，即在激起条件下，高敏感性特质个体表现出更多攻击行为。激发个体攻击行为的机制是积极的自我观点受到负面的社会反馈的挑战，这种对积极的自尊的威胁（自我威胁）会导致个体的愤怒和攻击。Baumeister、Smart 和 Boden（1996）用自我威胁理论（Theory of Treatened Egotism）解释了自恋者的反应性攻击行为，认为当自恋者浮夸的自我观点、自尊与优越感等受到外界的拒绝、低估、偏见和侮辱时，其自我概念和自我形象受到威胁，自恋者会产生被唤起的间接攻击倾向与行为，将攻击行为、自我偏差服务等不适应行为作为自我调节的策略，进而继续维持和提升其积极的自我知觉（Konrath，Bushman & Campbell，2006；Wallace et al.，2012）。当个体面对积极自我评价的消极反馈时，个体通常会产生两种反应可能：一种假设是如果个体接受这种消极反馈，这种威胁会降低个体积极的自我评价；另一种假设是如果个体拒绝这种消极反馈，以通过拒绝来维持个体内在的高自尊。进一步讲，这其中将涉及自我评价中的两个动机假设，一个动机假设是自我提升，该动机假设认为，个体总是期望最大限度地拥有积极的自我概念，因此个体将尽可能寻求提升自我评价；另一个动机假设是自我验证，该动机假设认为，个体常常力求保持一致的自我评价，因此尽量避免改变他们的自我概念。尽管两个假设不一致，但都强调自恋个体强烈地拒绝消极反馈以避免自我价值感受到损失，同时预期自我评价过于积极的个体受到自我威胁时，经常对这种评价产生非常强烈的

9 综合讨论

消极反应,即为了避免其内部要维持的自尊,个体将愤怒情绪外导,从而引发攻击行为,由此,更为证明了情境与人格共同作用导致攻击行为,其中情境性具有重要的作用。

第二,情绪的作用。已有研究从情绪机制的视角探讨情绪在攻击行为中所起到的作用,当自恋的个体遇到自我威胁时,负面情绪如愤怒对攻击行为起到重要预测作用。这与情境中个体的情绪调节过程密不可分,即当高自恋的个体受到来自外在的负性评价时,其情绪调节能力相对变弱,为维护良好的自我形象,从而对负性评价产生更多的消极情绪(Muñoz Centifanti et al., 2013)。其中,愤怒情绪被认为是个体攻击行为的重要预测因素(Hubbard et al., 2002; Berkowitz, 2012; 杨晨晨等, 2016)。亦有研究指出羞耻情绪作为自我意识情绪之一在其中起到更为重要的作用。Thomaes, Stegge 和 Olthof(2008)针对 112 名平均年龄为 11.6 岁的儿童进行研究发现,在羞耻情境中儿童表现出更多的攻击行为,并且在自恋水平较高的儿童中具有明显的差异。一种针对羞耻情绪的解释是,在羞耻情境下,个体对自我价值产生负性评价并导致无力感,进而导致外化的攻击行为。并且随着儿童年龄的增长,行为规范约束也相应增加,儿童更多地体验到消极事件所带来的羞耻情绪(Mills, 2005)。随着研究的推进,研究者们逐渐意识到愤怒与羞耻两种情绪并非作为独立的机制影响攻击行为。研究发现,自恋的个体在受到威胁情境下,往往是在羞耻体验的基础上,继而产生愤怒情绪,从而导致攻击行为(Ghim et al., 2015; Thomaes et al., 2011)。也就是说,愤怒和羞耻两种情绪以同时性或继时性的机制影响着儿童的自恋性攻击行为,并且,愤怒与羞耻情绪均与儿童的自尊密不可分,具有内在自我评价的指向性,具有强烈自我评价维护的儿童在面对羞耻情境时会产生更多的愤怒情绪,通过外化行为来维持积极良好的自我评价。

第三,社会比较的作用。社会比较就是把自己的处境和地位与他人进行比较的过程,并且这一过程是自发的且普遍存在的。一项针对社会比较和攻击行为的研究发现,相比于上行比较,被试在做下行比较时会表现出更多的攻击行为(Muller et al., 2012)。然而,这一结果并没有特定针对自恋人格的群体,因此在结果上有所差异。这是由于相比于正常个体,自恋的个体利用互动关系去追求特权与地位,并认为自己要比生活中其他重要他人要好很多,较多进行社会比较(Krizan & Bushman, 2011)。Bogart 等人(2004)研究发现,相比于低自恋的个体,高自恋的个体在进行社会比较时会表现出更多的情绪反应。并且,高自恋的个体会在上行比较后产生更多的敌意情绪,尤其在特权分维度上得分高的个体会在下行比较后产生更高的积极情绪和自尊水平。研究三结果与此相一致，即高自恋的个体在受到来自高地位威胁下，与地位排名比自己高的上行比较时，表现出更高的攻击行为。Rhodewalt 和 Morf（1995）从理论视角认为自恋与社会比较之间存在某种联系，这种联系体现在自恋的特征表现出一种长期的不确定状态，而社会比较具有不确定和威胁性的特征。因此，自恋的个体对比较所做出的反应，实则是自恋个体的内在互动模式，而其情绪变化特征取决于他们对社会比较信息的解释。

9.3 肯定自尊是缓冲高自恋儿童攻击行为的关键

由先前三个研究发现，高自恋的儿童在受到威胁时，尤其是受到来自高地位儿童的威胁时，会表现出更高的攻击行为。自我威胁是对自我意识的威胁或对积极自我的质疑和抨击。在威胁情境中所采用的负性反馈直指个体的自我价值，关于自我的负面反馈会使人们对当前的自我感受和理想的自我感受产生差异（Vandellen et al., 2011）。自尊是自我结构的核心成分之一，是个体对自我的情感性评价，影响着个体对周围环境的应对方式。研究者们在探讨自恋与攻击行为的关系时，在考虑到情境变量的同时，亦逐渐将视角拓展到自我观的另一成分——自尊的影响。在相关理论和已有研究不足的基础上，研究四从状态自尊和内隐自尊两种不同层面出发，来探讨自尊在高自恋儿童受到高地位威胁时与攻击行为的关系。基于研究四的发现，研究五采用行为和生理两种因变量指标，通过自我肯定的实验操纵来深入探讨，自我肯定下的高自恋儿童在受到高地位威胁时其攻击行为是否有所下降？

研究四的结果发现，状态自尊和内隐自尊在高地位威胁下儿童高自恋与攻击行为之间具有显著的调节作用，低状态自尊水平和内隐自尊在自恋与攻击行为所起到的作用要强于高状态自尊和内隐自尊水平的作用。这一研究结果支持了面具模型，也就是低自尊在高地位威胁下的攻击行为起到关键作用，关于这一发现可从两个方面进行解释。

一方面，社会计量器理论提出自尊系统在本质上是人际关系的心理计量器，监控个体人际关系的质量的同时，激发个体为维持被接纳的需要而付出行动与改变（Leary, 1995；张林，曹华英，2011）。并且，Leary（1995）认为个体具有普遍和强烈的动机去维持和增强自尊，实质上是因为自尊在满足个体基本归属需要中起到重要作用，如自尊反映出个体避免社会排斥的需要。相比于低自尊的群体，自恋的儿童在具有高自尊时更具有攻击性（Golmaryami & Barry, 2010；Thomaes et al., 2008）。Vohs 和 Heatherton（2004）

9 综合讨论

研究发现,当个体受到自我威胁时,高状态自尊的个体更多选择下行社会比较;低状态自尊的个体倾向选择上行社会比较。低自尊被认为是攻击和反社会行为的风险性因素,研究者们认为个体因低自我评价产生自卑感从而导致攻击行为,并且低自尊的青少年往往具有较弱的社会关系(Donnellan et al., 2005)。状态自尊在人际关系中更具有敏感性,并且受情境变化。研究也证实了威胁下儿童自恋水平与攻击行为的关系随着状态自尊的降低而升高,该结果支持了面具模型的观点。Bushman 和 Thomaes(2011)在《自恋手册》中提出自恋的个体尽管可能具有高的外显自尊,但其内隐自尊是处于较低水平的。研究四从儿童内隐自尊的角度切入,结果发现内隐自尊在威胁下儿童高自恋与攻击行为之间起到调节作用。并且,低内隐自尊对二者关系的作用更强,该结果从内隐自尊层面支持了面具模型。

另一方面,自恋成瘾模型认为自恋人格是由于个体对自尊成瘾而逐步发展而成,自恋的个体为维持自尊而希望在人际关系中不断获得他人的肯定与赞扬(Baumeister & Vohs, 2001)。自恋并不具有自我关注的强大稳定模式,而是自我感觉良好时其自我观的升高,并反复交替着自我感觉不良时自我观的降低(Rhodewalt, Madrian, & Cheney, 1998)。当自恋的个体为了达到对自我满意而试图寻找途径时,他们往往使用"自尊修复"的策略。当自恋的个体无法建构夸大的自我观时,他们甚至会变得愤怒和产生攻击行为。正常的个体追求自尊是为了获得能力感和价值感,而自恋者对自尊的追求和维持却与此不同,如由于对自我认知的积极错觉导致或为了避免消极反馈,从而不断追求和维持自尊。此外,低自尊个体的注意偏向机制也为此提供了一种解释。关系图式理论假设个体是以认知图式的方式与外在社会进行相互作用,个体对人际关系的认知图式来自特定的人际经历的重复体验。该认知图式包含了自我和他人的图像,以及对特定相互作用模式的期待(Baldwin, 1992)。研究分别以接纳词、拒绝词、模糊意义词和非社会相关词为启动刺激,然后让高低自尊个体对拒绝词、接纳词、中性词和非词四类靶子词进行词语判断。结果发现,相对于接纳启动词,低自尊被试在拒绝词和模糊意义词的启动下,对靶刺激反应明显加快;高自尊个体对靶刺激的反应则不受启动词的影响(Koch, 2002)。说明模糊的社会线索启动了低自尊个体与拒绝线索相关的想法,即由于低自尊个体具有更多的拒绝性加工图式,对模糊的信息加工更多地从图式一致性的角度进行,将模糊的信息加工为拒绝性信息,因此加速了低自尊个体对拒绝性信息的注意(李海江等,2012)。而以上探讨这种内在注意加工机制分别具体在不同自尊中起到何种作用,值得在日后研究深入探究。

在此基础上，研究五从操纵自我肯定的角度，采用攻击的行为指标和唾液皮质醇浓度的生理指标，来探讨自我肯定是否能够降低高威胁下高自恋儿童的攻击行为。自我肯定（self-affirmation）是指在面临威胁时，通过肯定与威胁信息无关领域的自我价值，来维持自我的整体性，从而减弱威胁对自我的影响（Steele，1988），包括外显自尊和内隐自尊（Creswell et al.，2005；Cohen，2006；Rudman，2007；Thomaes，2009）。

研究五的结果发现，无论是从行为指标还是生理指标都表现出，高自恋儿童在高地位威胁下，相比于控制组，自我肯定组儿童的攻击行为有所下降。这在一定程度上支持了自我肯定的有效性，Thomaes 等人（2009）采用 Cohen（2006）的实验范式，让自我确认组被试书写自认为最重要的价值以及为什么这些价值对他们如此重要。将 405 名平均年龄为 13.9 岁的儿童分为自我肯定组和控制组，结果发现，自我肯定组儿童的自恋并不引起攻击行为增加，本研究结果与此相一致。一种解释从自我概念清晰性增强的角度来探讨，自我肯定理论认为，肯定个体的重要价值能够增强自我概念的清晰性，并进而维护自我的整体性（Schmeichel & Vohs，2009）。自我肯定通过提高个体的心理建构水平来增强自我调控，以增强个体的自我概念清晰性。已有研究认为自我肯定作为个体消除威胁的方式之一，通过自我整合来降低威胁（Tesser & Cornell，1991；Mussweiler，Gabriel & Bodenhausen，2000）。当儿童通过肯定自我核心价值，来缓解在威胁下指向自我价值的威胁时，会在不确定和不清晰的因素中来重新获得自我核心价值的确定性，使自我持有更积极的自我概念，从而达到对攻击行为的缓冲作用，降低高自恋儿童在威胁下的攻击行为。个体为了获得对外界的控制感和预测感，会不断地寻求或引发与其自我概念一致的反馈，从而保持并强化他们原有的自我概念，随着年龄的增长，个体更倾向通过对自我概念的肯定去维持控制感和预测感（Haimovitz & Corpus，2011）。

研究五仍有不足。尽管已有研究探讨自我肯定对威胁情境中自恋个体的外显自尊和内隐自尊对个体自我完整性维持具有重要作用，且本研究在此基础上，深入探讨了自我肯定的作用。但是，目前仍无法对自我肯定的内涵是内隐自尊还是外显自尊做进一步的区分，二者对应着不同的认知神经加工机制，而在自我肯定过程中不同脑区对应着何种自尊的激活值得日后研究深入探讨。

9.4 生理因素对攻击行为造成一定的影响

研究发现，儿童自恋人格对主动性攻击具有正向预测作用，但相比于反应性攻击，其关系更弱且未达到显著性水平。这说明自恋对两种攻击行为的产生可能具有不同的内在机制，即儿童的自恋水平越高，其主动性攻击未必显著升高，但反应性攻击却与之显著相关。基因与环境也许是进一步解释主动性攻击与反应性攻击差异的可能性之一，Tuvblad 等人（2009）的研究发现，从儿童期至青春期主动性攻击行为的遗传力从32%上升至48%，反应性攻击行为的遗传力从26%上升至43%。最新一项研究采用基因×环境方法，对童年期不同阶段的同卵双胞胎和异卵双胞胎的主动性攻击和反应性攻击行为进行追踪发现，主动性攻击行为的遗传力要大于反应性攻击（Paquin et al.，2017）。也就是说，相比于反应性攻击，主动性攻击受遗传影响较大，反应性攻击更受环境的影响，而自恋人格具有情境性，易受社会情境影响，由于对自我有夸大的积极关注，因此社会性反馈对其自恋具有重要影响（Fox & Rooney，2015）。这可能在某种程度上说明了基因在自恋人格对攻击行为预测中的重要作用。

近十年来，研究者逐渐转向自恋个体的生理特征研究，自恋的很多特征都具有情绪性，如愤怒、敌意等，已有研究证实自恋这些特征是造成心血管疾病的重要风险因素（Chida & Steptoe，2009；Smith et al.，2004）。而不同的自恋类型亦存在不同的生理反应模式，在压力情境下呼吸性窦性心律不齐（respiratory sinus arrhythmia，RSA）能够调节隐形自恋在情绪调节上的困难（Hui et al.，2015）。此外，研究发现自恋个体对社会评价具有较高的敏感性，这将增加其对评价性压力源的生理反应。自恋个体因具有不现实的积极自我观而产生压力。下丘脑-垂体-肾上腺系统（hypothalamic-pituitary-adrenal system）是应对压力的主要生理通路，在免疫系统中发挥着辅助抑制的作用。皮质醇（cortisol）是下丘脑-垂体-肾上腺轴的终产物，属于神经内分泌系统，参与应激调节的生物反应过程，是一种"应激激素"，表现出一定的昼夜节律变化（Groeneveld et al.，2010）。本研究结果发现在高威胁下，高自恋儿童的唾液皮质醇水平呈现升高趋势，并随着不同干预和恢复的操纵而呈现出阶段性变化。最近的研究发现，个体的自恋水平与皮质醇分泌密不可分，能够预测并影响皮质醇的分泌（Edelstein，Yim，& Quas，2010；Pfattheicher，2016）。Ford 和 Collins（2010）从自尊的调节作用角度对此进行解释，提出自尊能够调节拒绝情境下皮质醇含量的两个重要过程：一个是

自尊是测量消极社会评价的探测器；另一个是当消极的社会评价转化为消极的自我评价时自尊能够影响评价过程。社会自我保护理论（social self-preservation theory）证实了这一观点，自恋的个体对社会自尊和地位具有警惕性和敏感性，导致其内分泌系统的皮质醇分泌产生反应，往往自恋的个体，其皮质醇水平也相应升高（Dickerson & Kemeny，2004）。有鉴于此，将来的研究应进一步探讨自恋儿童引发攻击行为的生理反应过程，这值得研究者们重视。

9.5 本研究的教育启示

维果斯基曾在著作中写到"We become ourselves through others."（Vygotsky，1981）。也就是说，我们通过他人成为自己，这句话强调自我观与社会化的相互作用，即个体的自我亦是在社会化过程中通过他人的评价、看法和反馈逐渐内化到自我的认知中，逐步形成对自我的认识。美国社会心理学家库利提出的"镜像我"的观点认为，自我是在社会交往活动中根据他人对自己的反应和评价建立起来的，不仅是个人，更是社会的产物，个体通过感知他人对自己的感知而获得对自我的认识，塑造自我观（Cooley，1940）。而在儿童的成长过程中，家长与教师是儿童接触最多的重要他人，来自家长与教师等的评价对儿童自我观的形成具有重要作用，儿童会将该信念内化到自己的认知中，形成自我观。所以，在家庭与学校教育中，家长和教师在教育实践中应注意以下三个方面。

9.5.1.1 恰当运用评价方式，提高表扬评价的恰切性

表扬作为一种有效的社会性策略，教师使用它激励学生的学习动机，父母使用它鼓励孩子的积极行为。自20世纪80年代以来，西方社会对表扬具有强大的信念，并强调表扬的重要作用认为通过表扬可以影响儿童的内在动机和自尊。近年来，受积极性评价理念的影响，赏识教育和鼓励教育等模式不断在国内涌现，这些模式都强调"积极评价"对于儿童发展的重要性。然而，表扬从归因理论的视角可分为能力取向的表扬和努力取向的表扬，能力取向的表扬是根据儿童行为的结果对其能力所做的一种判断评价，努力取向的表扬是根据儿童完成任务的努力程度所做的一种判断评价。众多研究发现，以努力为取向的表扬能够增强儿童的内在动机，以能力为取向的表扬则会降低儿童的内在动机，使儿童在应对日后的挫折时表现出一种非适应、无

9 综合讨论

助的反应模式。一项针对荷兰儿童的研究发现，夸大的个人表扬对低自尊儿童的内在动机具有损害作用。进一步，一项最新发表在美国科学院院报（PNAS）杂志上的纵向研究发现，父母的过度表扬将导致儿童自恋人格的形成；而父母的温暖教养方式，如表达积极情绪，可使儿童将此内化为自己是有价值的个体，进而形成自尊。自恋儿童的父母往往会高估自己孩子对常识性知识的掌握，并过度表扬儿童的表现，甚至为了让自己的孩子与众不同，会给孩子起非常特殊的名字。但是，这种不当的表扬方式，不仅会对儿童的内在动机造成伤害，而且容易使儿童将夸大的评价内化到对自我的看法之中，从而形成适应不良性的自恋人格，对日后的成长和发展造成影响。因此，家长和教师在使用表扬时，更要注重评价方式的内容和对象，让评价方式对儿童自我观起到促进作用，在教育实践上达到更好的效果。

9.5.1.2 区分自尊与自恋，培养孩子正确的自我观

自我观（self-views）在心理和人际交往功能中起到重要的核心作用，自我观存在多种不同的形式，可以由安全的和真实的转变为脆弱的和防御性的，如自尊和自恋这两种形式。自尊与自恋二者之间既有联系也有区别，以便更好地让家长与教师将二者区分开来，更好地运用在家庭教育和教育实践中。自恋所传递的核心信念是"我比别人优越（I am superior to others）"，自尊所表达的核心信念是"我是有价值的（I am worthy）"。也就是说，自恋是认为自己优越于他人，并享有特权，能获得他人赞美。自恋的夸大性更强调对自我的评价优越于他人。而高自尊却与此相反，是指对自己感到满意并非优越。基于此，家长和教师在区分二者时，应更为注意儿童的自我评价是基于比较具有夸大性和脆弱性，还是内在自我价值的肯定，这一点非常重要。只有对自尊与自恋进行更好的甄别，才能在教育过程中有的放矢，恰当使用评价方式，促进儿童更多的积极行为和优化儿童的社会化过程。

9.5.1.3 构建有效缓冲机制，注重早期预防的积极效应

自我肯定作为一种有效的干预方式，其定义本身就直指"在面临威胁时，肯定重要价值来维持自我整体性"。本研究发现，自我肯定能够缓冲高自恋儿童在高威胁情境下的攻击行为。实验中所采用的自我肯定方式是基于 Cohen 等人（2006）发表在 *Science* 杂志上的文章的一个研究中使用的实验材料，这种方式在日常生活中也非常具有可操作性和推广性。并且，也有从

自我肯定时机进行探讨发现，自我肯定发生在威胁之前对个体亦具有较好的积极效果。也就是说，由于儿童在日常生活中难免会遇到自我威胁的情境，如负面反馈。但是，如果在自我威胁发生之前进行自我肯定的练习，就能够对儿童在面对威胁时的不良行为形成缓冲作用。此外，具体到自我肯定的方式，家长与教师可从两方面进行干预操作。一方面，自我肯定根据资源的稳定性也可分为内部自我肯定与外部自我肯定，分别对应肯定内在稳定特质和外部行为和成就，家长和教师们可据此深入挖掘。另一方面，关于自我价值肯定清单，受文化差异影响，不同价值观和文化观个体的核心价值也许会有差异，家长和教师们可以在教育实践中发现儿童的重要核心价值体现在哪些方面，据此进行调整干预，为儿童在面对威胁时的不良行为起到更好的预防作用。

9.6 本研究的局限性

第一，样本选取的抽样性。尽管本研究注重探讨中国童年中期儿童自恋特征，但取样仍不够全面，希望将来有更多的研究关注到儿童被试群体的自我观与攻击行为的关系研究。

第二，攻击行为的生态效度。尽管本研究采用非常经典的攻击行为测量范式——竞争反应时任务，但受攻击行为本身的负面影响，日后的研究应尽量将攻击行为测量的内部效度与外部效度更好地结合起来，以提高攻击行为范式使用的生态性。

第三，不同自尊（状态自尊和内隐自尊）调节作用分离。尽管本研究已从理论和已有研究的基础上，进一步获得状态自尊和内隐自尊在儿童自恋与攻击行为之间的作用，但未能在研究中对二者所起到作用的大小、是否是独立机制进行分离。

第四，基于第三点，不同自尊在自我肯定中所起到的作用需要进一步探讨，并且，可以从认知神经科学的角度探索不同自尊作用时的脑区活动情况，以期更有针对性地进行干预和预防作用。

10 研究结论及进一步研究设想

10.1 研究结论

本研究首先探索童年中期儿童的自我观,并在以往研究的基础上,进一步探讨威胁情境下儿童自恋人格对攻击行为的影响,并深入探究自尊在威胁情境中对二者的调节作用,得到的主要结论如下:

(1) 童年中期儿童对自我持积极自我观,表现为相比于中性和消极评价,童年中期的儿童对自我的评价更为积极。

(2) 儿童自恋量表具有良好的适用性,三年级儿童的自恋水平在变化趋势中达到一个峰值,研究中三年级儿童的平均年龄为 9.01 岁,其自恋水平要高于二年级和四年级的儿童。

(3) 儿童自恋人格对反应性攻击行为具有正向预测作用,自恋水平越高,反应性攻击行为越多。

(4) 相比于控制和积极反馈情境,在威胁情境下,高自恋儿童的攻击行为更强。在进一步对威胁情境深入探讨时发现,在受到高地位威胁情境下,高自恋儿童表现出更高的攻击行为。

(5) 状态自尊和内隐自尊在高地位威胁下儿童高自恋与攻击行为中起到调节作用:相比于高状态自尊,低状态自尊的儿童自恋对攻击行为的预测作用更强;相比于高内隐自尊的儿童,低内隐自尊的儿童自恋对攻击行为的预测作用更强。

(6) 通过自我肯定(提升自尊)的方式来缓冲高自恋儿童的攻击行为,发现无论在因变量行为指标还是在生理指标上,自我肯定都对高地位威胁下高自恋儿童的攻击行为起到缓冲作用,也就是说,在高地位威胁情境中,通过自我肯定的操纵不仅能够降低高自恋儿童的攻击行为(噪声大小和持续时间两个指标),也能够降低该情境下高自恋儿童的唾液皮质醇分泌含量,进而缓冲攻击行为。

10.2 进一步研究设想

在本研究的基础上，研究者提出以下进一步的研究设想：

（1）深入考察童年中期儿童自我观的特征，这将有助于了解儿童在童年中期阶段自我的发展及差异，并据此在早期进行更好的教育和培养，促进儿童更好地完善自我，促进积极的社会行为。

（2）从父母的层面探究儿童自恋人格的形成机制，国外研究已发现父母过度表扬会导致形成儿童自恋人格，那么在中国文化背景下，这一影响因素是否成立？还是有其他不同的父母教养方式对自恋人格的形成具有影响，值得进一步研究探讨。

（3）结合自恋儿童本身的特征，在细化威胁来源的基础上，再进一步对地位这一威胁变量进行详细划分和操纵，以期获得动态过程中的自恋对攻击行为的影响。

（4）采用认知神经科学和基因环境交互（gene-environment interaction）等方法来探讨儿童自我发展与社会性之间的相互作用，能够更好、更全面地揭示内在加工的生理机制，也可以进一步解释环境在个体自恋人格发展中的风险机制。

（5）探索不同文化背景下儿童自我观与攻击行为发生、发展及内在机制。西方社会近三十年来，受校园里倡导"自尊运动"的影响，年青一代自恋水平提高。尽管有研究针对中国互联网样本取样发现，中国年青一代自恋水平也显著升高，但这个结果仍不够全面。未来研究在探讨文化因素对个体自恋的影响时，应着重考虑自恋人格是否在不同文化背景下具有普遍性，比较不同文化背景下个体自恋发展的异同，并深入探索其潜在机制。

（6）针对高自恋儿童的自我威胁性攻击行为，除了从个体自我发展角度出发，在个体开始形成自恋人格与自恋人格发展的过程中进行干预，也可拓展到有理论支持的其他内在机制，如情绪机制或认知机制。在未来的研究中采用更丰富的方法来缓冲高自恋儿童的攻击行为，以期减少他们面对与别人发生冲突时自我感受到的威胁等，也减少个体在自恋人格形成过程中不良社会行为的产生，促进儿童的社会化发展。

参 考 文 献

一、中文参考文献

[1] 蔡华俭，罗宇，施媛媛. 遭遇自恋：剖析当代年轻人的自我 [J]. 科学中国人，2014，1：34-37.

[2] 曹丛，王美萍，张文新，等. 主动性攻击和反应性攻击的遗传基础研究述评 [J]. 心理科学进展，2012，20（12）：2001-2010.

[3] 陈方瑞. 成败情境下不同自我肯定对内隐自尊影响的实验研究 [D]. 西安：西北大学硕士学位论文，2016.

[4] 陈亮，张文新，纪林芹，等. 童年中晚期攻击的发展轨迹和性别差异：基于母亲报告的分析 [J]. 心理学报，2011，43（6）：629-638.

[5] 丁雪辰，刘俊升，李丹，等. Harter 儿童自我知觉量表的信效度检验 [J]. 中国临床心理学杂志，2014，22（2）：251-255.

[6] 段锦云，古晓花，孙露莹. 外显自尊、内隐自尊及其分离对建议采纳的影响 [J]. 心理学报，2016，48（4）：371-384.

[7] 符明秋. 不同项目的自我观念差异研究：国内部分优秀运动员"20 问"的分析 [J]. 北京体育大学学报，2000，23（1）：32-34.

[8] 盖晓然，雷雳，付晓洁，等. 中美青少年自恋与网络欺负行为的关系：社会地位不安全感的中介作用 [J]. 心理研究，2016，9（6）：73-80.

[9] 高爽，张向葵. 表扬对儿童内在动机影响的元分析 [J]. 心理科学进展，2016，24（9）：1358-1367.

[10] 高爽，张向葵. 儿童期自恋人格的形成、发展及展望 [J]. 应用心理学，2018，24（2）：123-131.

[11] 高爽，张向葵，徐晓林. 大学生自尊与心理健康的元分析：以中国大学生为样本 [J]. 心理科学进展，2015，23（9）：1499-1507.

[12] 关丽丽，张庆林，齐铭铭，等. 自我概念威胁以及与重要他人的比较共同削弱自我面孔优势效应 [J]. 心理学报，2012，44（6）：789-796.

[13] 郭丰波，张振，原胜，等. 自恋型人格的理论模型与神经生理机制 [J]. 心理科学进展，24（8）：1246-1256.

[14] 何宁, 谷渊博. 自恋与决策的研究现状及展望 [J]. 心理科学进展, 2012, 20 (7): 1089-1097.

[15] 贺琼, 王争艳, 王莉, 等. 新入园幼儿的皮质醇变化与上呼吸道感染的关系: 气质的作用 [J]. 心理学报, 2014, 46 (4): 516-527.

[16] 胡心怡, 陈英和. 自我肯定方式降低高威胁后的消极情绪 [J]. 心理科学, 2017, 40 (1): 174-180.

[17] 江雅. 隐性与显性自恋者在同伴拒绝下的攻击行为差异的实验研究 [D]. 重庆: 西南大学硕士学位论文, 2007.

[18] 金晓彤, 赵太阳, 崔宏静, 等. 地位感知变化对消费者地位消费行为的影响 [J]. 心理学报, 2017, 49 (2): 273-284.

[19] 李海江, 杨娟, 袁祥勇, 等. 低自尊个体对拒绝性信息的注意偏向 [J]. 心理科学进展, 2012, 20 (10): 1604-1613.

[20] 刘昊, 刘肖岑, 冯晓霞. 应用Rasch模型测试和分析儿童入学准备状态 [J]. 心理科学, 2013, 36 (2): 484-488.

[21] 刘红云, 张雷. 追踪数据分析方法及其应用 [M]. 北京: 教育科学出版社, 2005.

[22] 刘荣. 自尊、自恋与攻击行为的关系研究 [D]. 苏州: 苏州大学硕士学位论文, 2009.

[23] 刘双, 张向葵. 婴幼儿自尊的前兆与形成 [J]. 学前教育研究, 2008, 10: 26-30.

[24] 石伟, 刘杰. 自我肯定研究述评 [J]. 心理科学进展, 2009, 17 (6): 1287-1294.

[25] 田录梅, 张向葵. 高自尊的异质性研究述评 [J]. 心理科学进展, 2006, 14 (5), 704-709.

[26] 涂冬波, 戴海琦. 项目反应理论下Likert型量表的DIF检测方法初探 [J]. 江西师范大学学报: 自然科学版, 2007, 31 (3): 311-315.

[27] 王姝琼, 张文新, 陈亮, 等. 儿童中期攻击行为测评的多质多法分析 [J]. 心理学报, 2011, 43 (3): 294-307.

[28] 邢淑芬, 俞国良. 社会比较研究的现状与发展趋势 [J]. 心理科学进展, 2005, 13 (1): 78-84.

[29] 晏子. 心理科学领域内的客观测量: Rasch模型之特点及发展趋势 [J]. 心理科学进展, 2010, 18 (8): 1298-1305.

[30] 杨晨晨, 李彩娜, 王振宏. 状态自恋与攻击行为: 知觉到的威胁、愤怒情绪和敌意归因偏差的多重中介作用 [J]. 心理发展与教育, 2016,

32（2）：236-245.

[31] 余跃,杜文久,周娟. LP方法及其与三种常用DIF检测方法的比较［J］. 心理科学, 2016, 39（3）：720-726.

[32] 张林,曹华英. 社会计量器理论的研究进展：社交接纳/拒绝与自尊的关系［J］. 心理科学, 2011, 34（5）：1163-1166.

[33] 张林,张向葵. 态度研究的新进展：双重态度模型［J］. 心理科学进展, 2003, 11（2）：171-176.

[34] 张向葵,刘双. 西方自尊两因素理论研究回顾及其展望［J］. 心理科学, 2008, 31（2）：494-499.

[35] 赵冬梅,周宗奎,范翠英. 童年期攻击行为发展的追踪研究［J］. 心理发展与教育, 2009, 25（4）：30-36.

[36] 郑鸽,毕重增,赵玉芳. 群际威胁与社会认知基本维度自我肯定对自我评价的影响［J］. 心理科学, 2015, 38（4）：928-932.

[37] 周广东,冯丽姝. 区分两类攻击行为：反应性与主动性攻击［J］. 心理发展与教育, 2014, 30（1）：105-111.

[38] 孜维达·阿不都克里木. 不同文化情境对维吾尔族青少年自我发展的影响及其社会认知差异研究［D］. 上海：华东师范大学博士学位论文, 2014.

二、英文参考文献

[1] American Psychiatric Association. Diagnostic and statistical manual of mental disorders（DSM-5）（5th ed.）［J］. American psychiatric publishing, 2013.

[2] ANDERSEN S M, MIRANDA R, EDWARDS T. When self-enhancement knows no bounds: are past relationships with significant others at the heart of narcissism?［J］. Psychological inquiry, 2001, 12（4）：197-202.

[3] ANDERSON C A, BUSHMAN B J. Human aggression［J］. Annual review of psychology, 2002, 53（19）：27-51.

[4] ANG R P, RAINE A. Reliability, validity and invariance of the narcissistic personality questionnaire for children-revised（NPQC-R）［J］. Journal of psychopathology and behavioral assessment, 2009, 31（3）：143-151.

[5] ANG R P, YUSOF N. The relationship between aggression, narcissism, and self-esteem in Asian children and adolescents［J］. Current psychology, 2005, 24（2）：113-122.

[6] ANG R P, YUSOF N. Development and initial validation of the narcis-

sistic personality questionnaire for children: a preliminary investigation using school-based asian samples [J]. Educational psychology, 2006, 26 (1): 1 - 18.

[7] ARSENIO W F, ADAMS E, GOLD J. Social information processing, moral reasoning, and emotion attributions: relations with adolescents' reactive and proactive aggression [J]. Child development, 2009, 80 (6): 1739 - 1755.

[8] ASHER S R, ROSE A J, GABRIEL S W. Peer rejection in everyday life. In M. R. Leary (Ed.), Interpersonal rejection [M]. NewYork: Oxford University Press, 2001.

[9] BAKER L A, RAINE A, LIU J, et al. Differential genetic and environmental influences on reactive and proactive aggression in children [J]. Journal of abnormal child psychology, 2008, 36 (8): 1265 - 1278.

[10] BALDWIN M W. Relational schemas and the processing of social information [J]. Psychological bulletin, 1992, 112 (3): 461 - 484.

[11] BANDURA A. Aggression: a social learning analysis [J]. American journal of sociology, 1973, 26 (5): 1101 - 1109.

[12] BARDENSTEIN K K. The cracked mirror: features of narcissistic personality disorder in children [J]. Psychiatric annals, 2009, 39 (3): 147 - 155.

[13] BARKLEY R A, SHELTON T L, CROSSWAIT C, et al. Preschool children with disruptive behavior: three-year outcome as a function of adaptive disability [J]. Development and psychopathology, 2002, 14 (1): 45 - 67.

[14] BARNETT M D, POWELL H A. Self-esteem mediates narcissism and aggression among women, but not men: a comparison of two theoretical models of narcissism among college students [J]. Personality and individual differences, 2016, 89: 100 - 104.

[15] BARRY C T, LEE-ROWLAND L M. Has there been a recent increase in adolescent narcissism? Evidence from a sample of at-risk adolescents (2005 - 2014) [J]. Personality and individual differences, 2015, 87: 153 - 157.

[16] BARRY C T, MALKIN M L. The relation between adolescent narcissism and internalizing problems depends on the conceptualization of narcissism [J]. Journal of research in personality, 2010, 44 (6): 684 - 690.

[17] BARRY C T, WALLACE M T. Current considerations in the assess-

ment of youth narcissism: indicators of pathological and normative development [J]. Journal of psychopathology and behavioral assessment, 2010, 32 (4): 479 – 489.

[18] BARRY C T, FRICK P J, KILLIAN A L. The relation of narcissism and self-esteem to conduct problems in children: a preliminary investigation [J]. Journal of clinical child and adolescent psychology, 2003, 32 (1): 139 – 152.

[19] BARRY C T, FRICK P J, ADLER K K, et al. The predictive utility of narcissism among children and adolescents: Evidence for a distinction between adaptive and maladaptive narcissism [J]. Journal of child and family studies, 2007, 16 (4): 508 – 521.

[20] BARRY C T, LOFLIN D C, DOUCETTE H. Adolescent self-compassion: associations with narcissism, self-esteem, aggression, and internalizing symptoms in at-risk males [J]. Personality and individual differences, 2015, 77: 118 – 123.

[21] BARRY T D, THOMPSON A H, BARRY C T, et al. The importance of narcissism in predicting proactive and reactive aggression in moderately to highly aggressive children [J]. Aggressive behavior, 2007, 33 (3): 185 – 197.

[22] BAUMEISTER R F, BUSHMAN B J, CAMPBELL W. Self-esteem, narcissism, and aggression: does violence result from low self-esteem or from threatened egotism? [J]. Current directions in psychological science, 2000, 9 (1): 26 – 29.

[23] BAUMEISTER R F, VOHS K D. Narcissism as addiction to esteem [J]. Psychological inquiry, 2001, 12 (4): 206 – 210.

[24] BAUMEISTER R F, SMART L, BODEN J M. Relation of threatened egotism to violence and aggression: the dark side of high self-esteem [J]. Psychological review, 1996, 103 (1): 5 – 33.

[25] BEER J S, HUGHES B L. Neural systems of social comparison and the "above-average" effect [J]. Neuroimage, 2010, 49 (3): 2671 – 2679.

[26] BEER J S, JOHN O P, SCABINI D, et al. Orbitofrontal cortex and social behavior: integrating self-monitoring and emotion-cognition interactions [J]. Journal of cognitive neuroscience, 2006, 18 (6): 871 – 879.

[27] BERKOWITZ L. A different view of anger: the cognitive-neoassociation conception of the relation of anger to aggression [J]. Aggressive behavior,

2012, 38 (4): 322 - 333.

[28] BETTENCOURT B, TALLEY A, BENJAMIN A J, et al. Personality and aggressive behavior under provoking and neutral conditions: a meta-analytic review [J]. Psychological bulletin, 2006, 132 (5): 751 - 777.

[29] BLESKERECHEK A, REMIKER M W, BAKER J P. Narcissistic men and women think they are so hot—But they are not [J]. Personality and individual differences, 2008, 45 (5): 420 - 424.

[30] BOGART L M, BENOTSCH E G, PAVLOVIC J D. Feeling superior but threatened: the relation of narcissism to social comparison [J]. Basic and applied social psychology, 2004, 26 (1): 35 - 44.

[31] BOSSON J K, LAKEY C E, CAMPBELL W K, et al. Untangling the links between narcissism and self-esteem: a theoretical and empirical review [J]. Social and personality psychology compass, 2008, 2 (3): 1415 - 1439.

[32] BRADSHAW C P, HAZAN C. Examining views of self in relation to views of others: implications for research on aggression and self-esteem [J]. Journal of research in personality, 2006, 40 (6): 1209 - 1218.

[33] BRANSCOMBE N R, SPEARS R, ELLEMERS N, et al. Intragroup and intergroup evaluation effects on group behavior [J]. Personality and social psychology bulletin, 2002, 28 (6): 744 - 753.

[34] BRENDGEN M, VITARO F, BOIVIN M, et al. Examining genetic and environmental effects on reactive versus proactive aggression [J]. Developmental psychology, 2006, 42 (6): 1299 - 1312.

[35] BROIDY L M, NAGIN D S, TREMBLAY R E, et al. Developmental trajectories of childhood disruptive behaviors and adolescent delinquency: a six-site, cross-national study [J]. Developmental psychology, 2003, 39 (2): 222 - 245.

[36] BROWN R P. Vengeance is mine: narcissism, vengeance, and the tendency to forgive [J]. Journal of research in personality, 2004, 38 (6): 576 - 584.

[37] BRUMMELMAN E, THOMAES S, SEDIKIDES C. Separating narcissism from self-esteem [J]. Current directions in psychological science, 2016, 25 (1): 8 - 13.

[38] BRUMMELMAN E, THOMAES S, NELEMANS S A, et al. Origins of narcissism in children [J]. Proceedings of the National Academy of Sciences of

the United States of America, 2015, 112 (12): 3659-3662.

[39] BUFFARDI L E, CAMPBELL W K. Narcissism and social networking web sites [J]. Personality and social psychology bulletin, 2008, 34 (10): 1303-1314.

[40] BUKOWSKI W M, SCHWARTZMAN A, SANTO J, et al. Reactivity and distortions in the self: narcissism, types of aggression, and the functioning of the hypothalamic-pituitary-adrenal axis during early adolescence [J]. Development and psychopathology, 2009, 21 (4): 1249-1262.

[41] BUSHMAN B J, BAUMEISTER R F. Threatened egotism, narcissism, self-esteem, and direct and displaced aggression: does self-love or self-hate lead to violence? [J]. Journal of personality and social psychology, 1998, 75 (1): 219-229.

[42] BUSHMAN B J, BAUMEISTER R F, THOMAES S, et al. Looking again, and harder, for a link between low self-esteem and aggression [J]. Journal of personality, 2009, 77 (2): 427-446.

[43] BUSHMAN B J, THOMAES S. When the narcissistic ego deflates, narcissistic aggression inflates. The handbook of narcissism and narcissistic personality disorder: theoretical approaches, empirical findings, and treatments [M]. New York: John Wiley & Sons, Inc, 2011.

[44] CAI H, KWAN V S, SEDIKIDES C. A sociocultural approach to narcissism: the case of modern China [J]. European journal of personality, 2012, 26 (5): 529-535.

[45] CAMPBELL W K, RUDICH E A, SEDIKIDES C. Narcissism, self-esteem, and the positivity of self-views: two portraits of self-love [J]. Personality and social psychology bulletin, 2002, 28 (3): 358-368.

[46] CHESTER D S, DEWALL C N. Sound the alarm: the effect of narcissism on retaliatory aggression is moderated by dACC reactivity to rejection [J]. Journal of personality, 2016, 84 (3): 361-368.

[47] CHIDA Y, STEPTOE A. Cortisol awakening response and psychosocial factors: a systematic review and meta-analysis [J]. Biological psychology, 2009, 80 (3): 265-278.

[48] CHOI S W, GIBBONS L E, CRANE P K. Lordif: an r package for detecting differential item functioning using iterative hybrid ordinal logistic regression item response theory and monte carlo simulations [J]. Journal of statistical

software, 2011, 39 (8): 1 - 30.

[49] CICCHETTI D, THOMAS K M. Imaging brain systems in normality and psychopathology [J]. Development and psychopathology, 2008, 20 (4): 1023 - 1027.

[50] CLAUDIO L. Can parenting styles affect the children's development of narcissism? A systematic review [J]. The open psychology journal, 2016, 9 (1): 84 - 94.

[51] COHEN G L, GARCIA J, APFEL N, et al. Reducing the racial achievement gap: a social-psychological intervention [J]. Science, 2006, 313 (5791): 1307 - 1310.

[52] COHEN G L, SHERMAN D K. The psychology of change: self-affirmation and social psychological intervention [J]. Annual review of psychology, 2014, 65 (1): 333 - 371.

[53] COHEN J. Statistical power analysis for the behavioral sciences (2nd ed.) [J]. Journal of the American Statistical Association, 1989, 84 (408): 1096.

[54] CONNOR D F, STEINGARD R J, ANDERSON J J, et al. Gender differences in reactive and proactive aggression [J]. Child psychiatry and human development, 2003, 33 (4): 279 - 294.

[55] COOLEY C H. Human nature and the social order [J]. Macmillan Co, 1940.

[56] COYNE S M, NELSON D A, UNDERWOOD M. Aggression in children [J]. The Wiley-blackwell handbook of childhood social development, second edition, 2011: 491 - 509.

[57] CRESWELL J D, WELCH W T, TAYLOR S E, et al. Affirmation of personal values buffers neuroendocrine and psychological stress responses [J]. Psychological science, 2005, 16 (11): 846 - 851.

[58] DE HOUWER J. The extrinsic affective simon task [J]. Experimental psychology, 2003, 50 (2): 77 - 85.

[59] DICKERSON S S, KEMENY M E. Acute stressors and cortisol responses: a theoretical integration and synthesis of laboratory research [J]. Psychological bulletin, 2004, 130 (3): 355 - 391.

[60] DODGE K A, COIE J D. Social-information-processing factors in reactive and proactive aggression in children's peer groups [J]. Journal of personal-

ity and social psychology, 1987, 53 (6): 1146-1158.

[61] DODGE K A, COIE J D, LYNAM D. Aggression and antisocial behavior in youth. In W. Damon, R. M. Lerner (Series Eds.), & N. Eisenberg (Vol. Ed.), Handbook of child psychology: Vol. 3. social, emotional, and personality development (6th ed., pp. 719-788) [M]. New York: Wiley, 2006.

[62] DODGE K A, LOCHMAN J E, HARNISH J D, et al. Reactive and proactive aggression in school children and psychiatrically impaired chronically assaultive youth [J]. Journal of abnormal psychology, 1997, 106 (1): 37-51.

[63] DONNELLAN M B, TRZESNIEWSKI K H, ROBINS R W, et al. Low self-esteem is related to aggression, antisocial behavior, and delinquency [J]. Psychological science, 2005, 16 (4): 328-335.

[64] EDELSTEIN R S, YIM I S, QUAS J A. Narcissism predicts heightened cortisol reactivity to a psychosocial stressor in men [J]. Journal of research in personality, 2010, 44 (44): 565-572.

[65] ELLIOT A J, THRASH T M. Approach-avoidance motivation in personality: approach and avoidance temperaments and goals [J]. Journal of personality and social psychology, 2002, 82: 804-818.

[66] EXLINE J J, ZELL A L. Empathy, self-affirmation, and forgiveness: the moderating roles of gender and entitlement [J]. Journal of social and clinical psychology, 2009, 28 (9): 1071-1099.

[67] FAN Y, WONNEBERGER C, ENZI B, et al. The narcissistic self and its psychological and neural correlates: an exploratory fmri study [J]. Psychological medicine, 2011, 41 (8): 1641-1650.

[68] FANTI K A, HENRICH C C. Effects of self-esteem and narcissism on bullying and victimization during early adolescence [J]. The journal of early adolescence, 2015, 35 (1): 5-29.

[69] FERRIDAY C, VARTANIAN O, MANDEL D R. Public but not private ego threat triggers aggression in narcissists [J]. European journal of social psychology, 2011, 41 (5): 564-568.

[70] FORD M B, COLLINS N L. Self-esteem moderates neuroendocrine and psychological responses to interpersonal rejection [J]. Journal of personality and social psychology, 2010, 98 (3): 405-419.

[71] FOSSATI A, BORRONI S, EISENBERG N, et al. Relations of proactive and reactive dimensions of aggression to overt and covert narcissism in non-

clinical adolescents [J]. Aggressive behavior, 2010, 36 (1): 21 –27.

[72] FOSTER J D. On being eager and uninhibited: narcissism and approach-avoidance motivation [J]. Personality and social psychology bulletin, 2008, 34 (7): 1004 –1017.

[73] FOSTER J D, CAMPBELL W K, TWENGE J M. Individual differences in narcissism: inflated self-views across the lifespan and around the world [J]. Journal of research in personality, 2003, 37 (6): 469 –486.

[74] FOX J, ROONEY M C. The dark triad and trait self-objectification as predictors of men's use and self-presentation behaviors on social networking sites [J]. Personality and individual differences, 2015, 76: 161 –165.

[75] FRICK P J, BODIN S D, BARRY C T. Psychopathic traits and conduct problems in community and clinic-referred samples of children: further development of the psychopathy screening device [J]. Psychological assessment, 2000, 12 (4): 382 –393.

[76] GABRIEL M T, CRITELLI J W, EE J S. Narcissistic illusions in self-evaluations of intelligence and attractiveness [J]. Journal of personality, 1994, 62 (1): 143 –155.

[77] GENTILE B, TWENGE J M, CAMPBELL W K. Birth cohort differences in self-esteem, 1988 –2008: a cross-temporal meta-analysis [J]. Review of general psychology, 2010, 14 (3): 261 –268.

[78] GHIM S C, CHOI D H, JI J L, et al. The relationship between covert narcissism and relational aggression in adolescents: mediating effects of internalized shame and anger rumination [J]. International journal of information and education technology, 2015, 5 (1): 21 –26.

[79] GILLIOM M, SHAW D S, BECK J E, et al. Anger regulation in disadvantaged preschool boys: strategies, antecedents, and the development of self-control [J]. Developmental psychology, 2002, 38 (2): 222 –235.

[80] GOLMARYAMI F N, BARRY C T. The associations of self-reported and peer-reported relational aggression with narcissism and self-esteem among adolescents in a residential setting [J]. Journal of clinical child and adolescent psychology, 2010, 39 (1): 128 –133.

[81] GREENING L, STOPPELBEIN L, LUEBBE A. The moderating effects of parenting styles on african-american and caucasian children's suicidal behaviors [J]. Journal of youth and adolescence, 2010, 39 (4): 357 –369.

[82] GREENWALD A G, MCGHEE D E, SCHWARTZ J L K. Measuring individual differences in implicit cognition: the implicit association test [J]. Journal of personality and social psychology, 1998, 74 (6): 1464-1480.

[83] GREENWALD A G, NOSEK B A, BANAJI M R. Understanding and using the implicit association test: an improved scoring algorithm [J]. Journal of personality and social psychology, 2003, 85 (2): 197-216.

[84] GRIJALVA E, NEWMAN D A, TAY L, et al. Gender differences in narcissism: a meta-analytic review [J]. Psychological bulletin, 2015, 141 (2): 261-310.

[85] GRIJALVA E, ZHANG L. Narcissism and self-insight: a review and meta-analysis of narcissists' self-enhancement tendencies [J]. Personality and social psychology bulletin, 2016, 42 (1): 3-24.

[86] GROENEVELD M G, VERMEER H J, IJZENDOORN M H V, et al. Children's wellbeing and cortisol levels in home-based and center-based childcare [J]. Early childhood research quarterly, 2010, 25 (4): 502-514.

[87] HAIMOVITZ K, CORPUS J H. Effects of person versus process praise on student motivation: stability and change in emerging adulthood [J]. Educational psychology, 2011, 31 (5): 595-609.

[88] HAMBLETON R K, SWAMINATHAN H. Item response theory: principles and applications [M]. Boston: Kluwer-Nijhoff, 1985.

[89] HARRISON M L. The influence of narcissism and self-control on reactive aggression (Doctoral dissertation) [J]. Retrieved from ProQuest, 2010.

[90] HARTER S. Manual for the self-perception profile for children [D]. Denver: University of Denver, 1985.

[91] HARTER S. The self. Handbook of child psychology: social, emotional, and personality development (pp.505-570). New York: Wiley, 2006.

[92] HEPPER E G, HART C M, SEDIKIDES C. Moving narcissus: Can narcissists be empathic? [J]. Personality and social psychology bulletin, 2014, 40 (9): 1079-1091.

[93] HOLTZMAN N S, VAZIRE S, MEHL M R. Sounds like a narcissist: Behavioral manifestations of narcissism in everyday life [J]. Journal of research in personality, 2010, 44 (4): 478-484.

[94] HUBBARD J A, SMITHMYER C M, RAMSDEN S R, et al. Observational, physiological, and self-report measures of children's anger: Relations to

reactive versus proactive aggression [J]. Child development, 2002, 73 (4): 1101 – 1118.

[95] HUI Z, WANG Z, YOU X, et al. Associations between narcissism and emotion regulation difficulties: respiratory sinus arrhythmia reactivity as a moderator [J]. Biological psychology, 2015: 1 – 11, 110.

[96] JEZIOR K L, MCKENZIE M E, LEE S S. Narcissism and callous-unemotional traits prospectively predict child conduct problems [J]. Journal of clinical child and adolescent psychology, 2016, 45 (5): 579 – 590.

[97] JONES D N, PAULHUS D L. Different provocations trigger aggression in narcissists and psychopaths [J]. Social psychological and personality science, 2010, 1 (1): 12 – 18.

[98] JORDAN C H, SPENCER S J, ZANNA M P, et al. Secure and defensive high self-esteem [J]. Journal of personality and social psychology, 2003, 85 (5): 969 – 978.

[99] KAGAN, J, FOX, N A. Biology, culture, and temperamental biases. Handbook of child psychology: pocial, emotional, and personality development [M]. New York: Wiley, 2006: 167 – 226.

[100] KEMPES M, MATTHYS W, DE VRIES H, et al. Reactive and proactive aggression in children a review of theory, findings and the relevance for child and adolescent psychiatry [J]. European child and adolescent psychiatry, 2005, 14 (1): 11 – 19.

[101] KERIG P K, STELLWAGEN K K. Roles of callous-unemotional traits, narcissism, and Machiavellianism in childhood aggression [J]. Journal of psychopathology and behavioral assessment, 2010, 32 (3): 343 – 352.

[102] KERNBERG O F. Borderline conditions and pathological narcissism [M]. New York: Jason Aronson, 1975.

[103] KERNIS M H. Self-esteem issues and answers: a sourcebook of current perspectives [M]. New York: Psychology Press, 2013.

[104] KOCH E J. Relational schemas, self-esteem, and the processing of social stimuli [J]. Self and identity, 2002, 1 (3): 271 – 279.

[105] KOHUT H. The analysis of the self: a systematic approach to the psychoanalytic treatment of narcissistic personality disorders [M]. Chicago: University of Chicago Press, 1971.

[106] KONRATH S, BUSHMAN B, CAMPBELL W K. Attenuating the

link between threatened egotism and aggression [J]. Psychological science, 2006, 17 (11): 995-1001.

[107] KOOLE S L, SMEETS K, VAN KNIPPENBERG A, et al. The cessation of rumination through self-affirmation [J]. Journal of personality and social psychology, 1999, 77 (1): 111-125.

[108] KRIZAN Z, BUSHMAN B J. Better than my loved ones: social comparison tendencies among narcissists [J]. Personality and individual differences, 2011, 50 (2): 212-216.

[109] LAU K S, MARSEE M A. Exploring narcissism, psychopathy, and Machiavellianism in youth: examination of associations with antisocial behavior and aggression [J]. Journal of child and family studies, 2013, 22 (3): 355-367.

[110] LEARY M R, BAUMEISTER R F. The nature and function of self-esteem: sociometer theory [J]. Advances in experimental social psychology, 2000, 32: 1-62.

[111] LEARY M R, GALLAGHER B, FORS E, et al. The invalidity of disclaimers about the effects of social feedback on self-esteem [J]. Personality and social psychology bulletin, 2003, 29 (5): 623-636.

[112] LEARY M R, TAMBOR E S, TERDAL S K, et al. Self-esteem as an interpersonal monitor: the sociometer hypothesis [J]. Journal of personality and social psychology, 1995, 68 (3): 270-274.

[113] LEARY M R, TERRY M L, BATTS ALLEN A, et al. The concept of ego threat in social and personality psychology: is ego threat a viable scientific construct? [J]. Personality and social psychology review, 2009, 13 (3): 151-164.

[114] LEARY M R, TWENGE J M, QUINLIVAN E. Interpersonal rejection as a determinant of anger and aggression [J]. Personality and social psychology review, 2006, 10 (2): 111-132.

[115] LEE-ROWLAND L M, BARRY C T, GILLEN C T A, et al. How do different dimensions of adolescent narcissism impact the relation between callous-unemotional traits and self-reported aggression? [J]. Aggressive behavior, 2017, 43 (1): 14-25.

[116] LI C, SUN Y, HO M Y, et al. State narcissism and aggression: the mediating roles of anger and hostile attributional bias [J]. Aggressive behav-

ior, 2016, 42 (4): 333 - 345.

[117] LOBBESTAEL J, BAUMEISTER R F, FIEBIG T, et al. The role of grandiose and vulnerable narcissism in self-reported and laboratory aggression and testosterone reactivity [J]. Personality and individual differences, 2014, 69 (6): 22 - 27.

[118] LOCKE K D. Aggression, narcissism, self-esteem, and the attribution of desirable and humanizing traits to self versus others [J]. Journal of research in personality, 2009, 43 (1): 99 - 102.

[119] LOTZE M, VEIT R, ANDERS S, et al. Evidence for a different role of the ventral and dorsal medial prefrontal cortex for social reactive aggression: an interactive fMRI study [J]. Neuroimage, 2007, 34 (1): 470 - 478.

[120] LUSTMAN M, WIESENTHAL D L, FLETT G L. Narcissism and aggressive driving: is an inflated view of the self a road hazard? [J]. Journal of applied social psychology, 2010, 40 (6): 1423 - 1449.

[121] MALKIN M L, BARRY C T, ZEIGLER-HILL V. Covert narcissism as a predictor of internalizing symptoms after performance feedback in adolescents [J]. Personality and individual differences, 2011, 51 (5): 623 - 628.

[122] MARCHLEWSKA M, CICHOCKA A. An autobiographical gateway: narcissists avoid first-person visual perspective while retrieving self-threatening memories [J]. Journal of experimental social psychology, 2017, 68: 157 - 161.

[123] MAXWELL K, DONNELLAN M B, HOPWOOD C J, et al. The two faces of narcissus? an empirical comparison of the narcissistic personality inventory and the pathological narcissism inventory [J]. Personality and individual differences, 2011, 50 (5): 577 - 582.

[124] MCCRAE R R, COSTA Jr, P T. Personality trait structure as a human universal [J]. American psychologist, 1997, 52 (5): 509 - 516.

[125] MCQUEEN A, KLEIN W M P. Experimental manipulations of self-affirmation: a systematic review [J]. Self and identity, 2006, 5 (4): 289 - 354.

[126] MEIER B P, WILKOWSKI B M. Turning the other cheek. agreeableness and the regulation of aggression-related primes [J]. Psychological science, 2006, 17 (2): 136 - 142.

[127] MEHTA P H, JONES A C, JOSEPHS R A. The social endocrinolo-

gy of dominance: basal testosterone predicts cortisol changes and behavior following victory and defeat [J]. Journal of personality and social psychology, 2008, 94 (6): 1078 –1093.

[128] MILLER J D, CAMPBELL W K. The case for using research on trait narcissism as a building block for understanding narcissistic personality disorder [J]. Personality disorders, 2010, 1 (3): 180 –191.

[129] MILLS R. Taking stock of the developmental literature on shame [J]. Developmental review, 2005, 25 (1): 26 –63.

[130] MOELLER S J, CROCKER J, BUSHMAN B J. Creating hostility and conflict: effects of entitlement and self-image goals [J]. Journal of experimental social psychology, 2009, 45 (2): 448 –452.

[131] MORAN J M, MACRAE C N, HEATHERTON T F, et al. Neuroanatomical evidence for distinct cognitive and affective components of self [J]. Journal of cognitive neuroscience, 2006, 18 (9): 1586 –1594.

[132] MORF C C, RHODEWALT F. Unraveling the paradoxes of narcissism, a dynamic self-regulatory processing model [J]. Psychological inquiry, 2001, 12 (4): 177 –196.

[133] MULLER D, BUSHMAN B J, SUBRA B, et al. Are people more aggressive when they are worse off or better off than others? [J]. Social psychological and personality science, 2012, 3 (6): 754 –759.

[134] MUÑOZ CENTIFANTI L C, KIMONIS E R, FRICK P J, et al. Emotional reactivity and the association between psychopathy-linked narcissism and aggression in detained adolescent boys [J]. Development and psychopathology, 2013, 25 (2): 473 –485.

[135] MURRAYCLOSE D, OSTROV J M. A longitudinal study of forms and functions of aggressive behavior in early childhood [J]. Child development, 2009, 80 (3): 828 –842.

[136] MUSSWEILER T, GABRIEL S, BODENHAUSEN G V. Shifting social identities as a strategy for deflecting threatening social comparisons [J]. Journal of personality and social psychology, 2000, 79 (3): 398 –409.

[137] NELEMANS S, THOMAES S, BUSHMAN B J, et al. All egos were not created equal: narcissism, self-esteem, and internalizing problems in children [J]. Manuscript submitted for publication, 2012.

[138] NICHD Early Child Care Research Network. Trajectories of physical

aggression from toddlerhood to middle childhood: predictors, correlates, and outcomes [J]. Monographs of the Society for Research in Child Development, 2004, 69 (Serial No. 278).

[139] OJANEN T, FINDLEY D, FULLER S. Physical and relational aggression in early adolescence: associations with narcissism, temperament, and social goals [J]. Aggressive behavior, 2012, 38 (2): 99 – 107.

[140] OLSON K R, DWECK, C S. A blueprint for social cognitive development [J]. Perspectives on psychological science, 2008, 3 (3): 193 – 202.

[141] ONG E Y L, ANG R P, HO J C M, et al. Narcissism, extraversion and adolescents' self-presentation on facebook [J]. Personality and individual differences, 2011, 50 (2): 180 – 185.

[142] OSTROV J M, MURRAYCLOSE D, GODLESKI S A, et al. Prospective associations between forms and functions of aggression and social and affective processes during early childhood [J]. Journal of experimental child psychology, 2013, 116 (1): 19 – 36.

[143] PAQUIN S, LACOURSE E, BRENDGEN M, et al. Heterogeneity in the development of proactive and reactive aggression in childhood: common and specific genetic-environmental factors [J]. Plos One, 2017, 12 (12): e0188730.

[144] PARK L E. Appearance-based rejection sensitivity: implications for mental and physical health, affect, and motivation [J]. Personality and social psychology bulletin, 2007, 33 (4): 490 – 504.

[145] PARKE R D, SLABY R G. The development of aggression [J]. Handbook of child psychology, 1983, 4: 547 – 641.

[146] PAULETTI R E, MENON M, MENON M, et al. Narcissism and adjustment in preadolescence [J]. Child development, 2012, 83 (3): 831 – 837.

[147] PAULHUS D L. Interpersonal and intrapsychic adaptiveness of trait self-enhancement: a mixed blessing? [J]. Journal of personality and social psychology, 1998, 74 (5): 1197 – 1208.

[148] PAULHUS D L. Normal narcissism: two minimalist accounts [J]. Psychological inquiry, 2001, 12 (4): 228 – 230.

[149] PAULHUS D L, ROBINS R W, TRZESNIEWSKI K H, et al. Two replicable suppressor situations in personality research [J]. Multivariate behavior-

al research, 2004, 39 (2): 303-326.

[150] PEREZ M, VOHS K D, JOINER T E. Discrepancies between self- and other-esteem as correlates of aggression [J]. Journal of social and clinical psychology, 2005, 24 (5): 607-620.

[151] PFATTHEICHER S. Testosterone, cortisol and the dark triad: narcissism (but not machiavellianism or psychopathy) is positively related to basal testosterone and cortisol [J]. Personality and individual differences, 2016, 97: 115-119.

[152] PREACHER K J, CURRAN P J, BAUER D J. Computational tools for probing interactions in multiple linear regression, multilevel modeling, and latent curve analysis [J]. Journal of educational and behavioral statistics, 2006, 31 (4): 437-448.

[153] RASKIN R, TERRY H. A principal-components analysis of the narcissistic personality inventory and further evidence of its construct validity [J]. Journal of personality and social psychology, 1988, 54 (5): 890-902.

[154] RASMUSSEN K. Entitled vengeance: a meta-analysis relating narcissism to provoked aggression [J]. Aggressive behavior, 2016, 42 (4): 362-379.

[155] REIDY D E, ZEICHNER A, FOSTER J D, et al. Effects of narcissistic entitlement and exploitativeness on human physical aggression [J]. Personality and individual differences, 2008, 44 (4): 865-875.

[156] REIJNTJES A, KAMPHUIS J H, THOMAES S, et al. Too calloused to care: an experimental examination of factors influencing youths' displaced aggression against their peers [J]. Journal of experimental psychology general, 2013, 142 (1): 28-33.

[157] REIJNTJES A, THOMAES S, KAMPHUIS J H, et al. Youths' displaced aggression against in-and out-group peers: An experimental examination [J]. Journal of experimental child psychology, 2013, 115 (1): 180-187.

[158] REIJNTJES A, THOMAES S, KAMPHUIS J H, et al. Self-verification strivings in children holding negative self-views: the mitigating effects of a preceding success experience [J]. Cognitive therapy and research, 2010, 34 (6): 563-570.

[159] REIJNTJES A, VERMANDE M, THOMAES S, et al. Narcissism, bullying, and social dominance in youth: a longitudinal analysis [J]. Journal of

abnormal child psychology, 2016, 44 (1): 63 -74.

[160] REINHARD D A, KONRATH S H, LOPEZ W D, et al. Expensive egos: narcissistic males have higher cortisol [J]. Plos One, 2012, 7 (1): e30858.

[161] RHODEWALT F, MORF C C. Self and interpersonal correlates of the narcissistic personality inventory: a review and new findings [J]. Journal of research in personality, 1995, 29 (1): 1 -23.

[162] RHODEWALT F, MADRIAN J C, CHENEY S. Narcissism, self-knowledge, organization and emotional reactivity: the effect of daily experience on self-esteem and affect [J]. Personality and social psychology bulletin, 1998, 24 (1): 75 -87.

[163] ROBERTS B W, EDMONDS G, GRIJALVA E. It is developmental me, not generation me: developmental changes are more important than generational changes in narcissism-commentary on [J]. Perspectives on psychological science, 2010, 5 (1): 97 -102.

[164] ROBINS R W, TRZESNIEWSKI K H, TRACY J L, et al. Global self-esteem across the life span [J]. Psychology and aging, 2002, 17 (3): 423 -434.

[165] ROSENBERG M. Society and the adolescent self-image [M]. Princeton: Princeton University Press, 1965.

[166] ROSENTHAL S A, PITTINSKY T L. Narcissistic leadership [J]. Leadership quarterly, 2006, 17 (6): 617 -633.

[167] ROTH M, DECKER O, HERZBERG P Y, et al. Dimensionality and norms of the rosenberg self-esteem scale in a german general population sample [J]. European journal of psychological assessment, 2008, 24 (3): 190 -197.

[168] ROTHBART M K, FISHER P. Investigations of temperament at three to seven years: the children's behavior questionnaire [J]. Child development, 2001, 72 (5): 1394 -1408.

[169] RUDMAN L A, DOHN M C, FAIRCHILD K. Implicit self-esteem compensation: automatic threat defense [J]. Journal of personality and social psychology, 2007, 93 (5): 798 -813.

[170] SALMIVALLI C. Feeling good about oneself, being bad to others? Remarks on self-esteem, hostility, and aggressive behavior [J]. Aggression and violent behavior, 2001, 6 (4): 375 -393.

[171] SCHMEICHEL B J, VOHS K. Self-affirmation and self-control: affirming core values counteracts ego depletion [J]. Journal of personality and social psychology, 2009, 96 (4): 770 - 782.

[172] SEAH S L, ANG R P. Differential correlates of reactive and proactive aggression in asian adolescents: relations to narcissism, anxiety, schizotypal traits, and peer relations [J]. Aggressive behavior, 2008, 34 (5): 553 - 562.

[173] SEDIKIDES C, RUDICH E A, GREGG A P, et al. Are normal narcissists psychologically healthy?: self-esteem matters [J]. Journal of personality and social psychology, 2004, 87 (3): 400 - 416.

[174] SEIBERT L A, MILLER J D, PRYOR L R, et al. Personality and laboratory-based aggression: comparing the predictive power of the five-factor model, bis/bas, and impulsivity across context [J]. Journal of research in personality, 2010, 44 (1): 13 - 21.

[175] SHERMAN D K, COHEN G L. Accepting threatening information: self-affirmation and the reduction of defensive biases [J]. Current sirections in psychological science, 2002, 11 (4): 119 - 123.

[176] SHERMAN D K, COHEN G L. The psychology of self-defense: self affirmation theory. In M. P. Zanna (Ed.), Advances in experimental social psychology [M]. San Diego: Academic Press, 2006: 183 - 242.

[177] SMITH T W, GLAZER K, RUIZ J M, et al. Hostility, anger, aggressiveness, and coronary heart disease: an interpersonal perspective on personality, emotion, and health [J]. Journal of personality, 2004, 72 (6): 1217 - 1270.

[178] STELLWAGEN K K, KERIG P K. Relating callous-unemotional traits to physically restrictive treatment measures among child psychiatric inpatients [J]. Journal of child and family studies, 2010, 19 (5): 588 - 595.

[179] STAPEL D A, VAN DER LINDE L A. What drives self-affirmation effects? On the importance of differentiating value affirmation and attribute affirmation [J]. Journal of personality and social psychology, 2011, 101 (1): 34 - 45.

[180] STEELE C M. The psychology of self-affirmation: sustaining the integrity of the self. In L. Berkowitz (Ed.), Advances in experimental social psychology [J]. San Diego: Academic Press, 1998: 261 - 302.

[181] SWANN W B, BOSSON J K. Self and identity. In D. T. Gilbert, S. T. Fiske, & G. Lindzey (Eds.), Handbook of social psychology [M]. 5th ed. Hoboken: John Wiley & Sons, 2010

[182] TAYLOR S P. Aggressive behavior and physiological arousal as a function of provocation and the tendency to inhibit aggression [J]. Journal of personality, 1967, 35 (2): 297 – 310.

[183] TESSER A, CORNEL P D. On the confluence of self processes [J]. Journal of experimental social psychology, 1991, 27 (6): 501 – 526.

[184] TESSER A, MILLAR M, MOORE J. Some affective consequences of social comparison and reflection processes: the pain and pleasure of being close [J]. Journal of personality and socialpsychology, 1988, 54 (1): 49 – 61.

[185] THOMAES S, BRUMMELMAN E NARCISSISM. In D. Cicchetti (Ed.), Developmental psychopathology [M]. 3rd ed., Vol. 4. Hoboken: Wiley, 2016.

[186] THOMAES S, BUSHMAN B J. Mirror, mirror, on the wall, who's the most aggressive of them all? Narcissism, self-esteem, and aggression. In P. R. Shaver & M. Mikulincer (Eds.), Human aggression and violence. Csuses, manifestations, and consequences [J]. Washington: American Psychological Association, 2011: 203 – 219.

[187] THOMAES S, BRUMMELMAN E REIJNTJES A, et al. When narcissus was a boy, origins, nature, and consequences of childhood narcissism [J]. Child development perspectives, 2013, 7 (1): 22 – 26.

[188] THOMAES S, BUSHMAN B J, OROBIO DE CASTRO B, et al. Arousing "gentle passions" in young adolescents: sustained experimental effects of value affirmations on prosocial feelings and behaviors [J]. Developmental psychology, 2012, 48 (1): 103 – 110.

[189] THOMAES S, BUSHMAN B J, OROBIO DE CASTRO B, et al. What makes narcissists bloom? A framework for research on the etiology and development of narcissism [J]. Development and psychopathology, 2009, 21 (4): 1233 – 1247.

[190] THOMAES S, BUSHMAN B, OROBIO DE CASTRO B, et al. Reducing narcissistic aggression by buttressing self-esteem: an experimental field study [J]. Psychological science, 2009, 20 (12): 1536 – 1542.

[191] THOMAES S, BUSHMAN B J, STEGGE H, et al. Trumping

shame by blasts of noise, narcissism, self-esteem, shame, and aggression in young adolescents [J]. Child development, 2008, 79 (6): 1792-1801.

[192] THOMAES S, POORTHUIS A, NELEMANS S. Self-esteem. Encyclopedia of adolescence [M]. America: Elsevier; Elsevier Academic Press, 2011, 1: 316-324.

[193] THOMAES S, REIJNTJES A, OROBIO DE CASTRO B, et al. I like me if you like me: on the interpersonal modulation and regulation of preadolescents' state self-esteem [J]. Child development, 2010, 81 (3): 811-825.

[194] THOMAES S, REIJNTJES A, OROBIO DE CASTRO B, et al. Reality bites—or does it? realistic self-views buffer negative mood following social threat [J]. Psychological science, 2009, 20 (9): 1079-1080.

[195] THOMAES S, STEGGE H, OLTHOF T. Externalizing shame responses in children: the role of fragile-positive self-esteem [J]. British journal of developmental psychology, 2007, 25 (4): 559-577.

[196] THOMAES S, STEGGE H, BUSHMAN B J, et al. Development and validation of the childhood narcissism scale [J]. Journal of personality assessment, 2008, 90 (4): 382-391.

[197] THOMAES S, STEGGE H, OLTHOF T, et al. Turning shame inside-out: "Humiliated fury" in young adolescents [J]. Emotion, 2011, 11 (4): 786-793.

[198] TRACY J L, ROBINS R W. Show your pride: evidence for a discrete emotion expression [J]. Psychological science, 2004, 15 (3): 194-197.

[199] TRZESNIEWSKI K H, DONNELLAN M B, ROBINS R W. Stability of self-esteem across the life span [J]. Journal of personality and social psychology, 2003, 84 (1): 205-220.

[200] TRZESNIEWSKI K H, DONNELLAN M B, ROBINS R W. Do today's young people really think they are so extraordinary? an examination of secular trends in narcissism and self-enhancement [J]. Psychological science, 2008, 19 (2): 181-188.

[201] TUVBLAD C, RAINE A, ZHENG M, et al. Genetic and environmental stability differs in reactive and proactive aggression [J]. Aggressive behavior, 2009, 35 (6): 437-452.

[202] TWENGE J M. Generation me: why today's young Americans are more confident, assertive, entitled, and more miserable than ever before [M]. New York: Free Press, 2006.

[203] TWENGE J M, CAMPBELL W K. "Isn't it fun to get the respect that we're going to deserve?" Narcissism, social rejection, and aggression [J]. Personality and social psychology bulletin, 2003, 29 (2): 261 -272.

[204] TWENGE J M, KONRATH S, FOSTER J D, et al. Further evidence of an increase in narcissism among college students [J]. Journal of personality, 2008, 76 (4): 919 -928.

[205] UEMATSU A, MATSUI M, TANAKA C, et al. Developmental trajectories of amygdala and hippocampus from infancy to early adulthood in healthy individuals [J]. PloS One, 2012, 7 (10): e46970.

[206] VAILLANCOURT T. Students aggress against professors in reaction to receiving poor grades: an effect moderated by student narcissism and self-esteem [J]. Aggressive behavior, 2013, 39 (1): 71 -84.

[207] VANDELLEN M R, CAMPBELL W K, HOYLE R H, et al. Compensating, resisting, and breaking: a meta-analytic examination of reactions to self-esteem threat [J]. Personality and social psychology review, 2011, 15 (1): 51 -74.

[208] VAZIRE S, FUNDER D C. Impulsivity and the self-defeating behavior of narcissists [J]. Personality and social psychology review, 2006, 10 (2): 154 -165.

[209] VOHS K D, HEATHERTON T F. Ego threat elicits different social comparison processes among high and low self-esteem people: implications for interpersonal perceptions [J]. Social cognition, 2004, 22 (1): 168 -191.

[210] VYGOTSKY L S. The genesis of higher mental functions. In J. V. Wertsch (Ed.), The concept of activity in Soviet Psychology [M]. Armonk: Sharpe, 1981: 144 -188.

[211] WALLACE M T, BARRY C T, ZEIGLER-HILL V, et al. Locus of control as a contributing factor in the relation between self-perception and adolescent aggression [J]. Aggressive Behavior, 2012, 38 (3): 213 -221.

[212] WASHBURN J J, MCMAHON S D, KING C A. Narcissistic features in young adolescents: relations to aggression and internalizing symptoms [J]. Journal of youth and adolescence, 2004, 33 (3): 247 -260.

[213] WETZEL E, ROBINS R W. Are parenting practices associated with the development of narcissism? Findings from a longitudinal study of Mexican-origin youth [J]. Journal of research in personality, 2016: 63, 84-94.

[214] WILHELM I, BORN J, KUDIELKA B M, et al. Is the cortisol awakening rise a response to awakening? [J]. Psychoneuroendocrinology, 2007, 32 (4): 358-366.

[215] WRIGHT B D, LINACRE J M. Reasonable mean-square fit value [J]. Rasch measurement transactions, 1994, 8: 370.

[216] WRIGHT B D, MOK M M C. Rasch models overview [J]. Journal of applied measurement, 2000, 1 (1): 83-106.

[217] XU Y, FARVER J A M, ZHANG Z. Temperament, harsh and indulgent parenting, and Chinese children's proactive and reactive aggression [J]. Child development, 2009, 80 (1): 244-258.

[218] ZAHN-WAXLER C, PARK J H, USHER B, et al. Young children's representations of conflict and distress: a longitudinal study of boys and girls with disruptive behavior problems [J]. Development and psychopathology, 2008, 20 (1): 99-119.

[219] ZAJENKOWSKI M, WITOWSKA J, MACIANTOWICZ O, et al. Vulnerable past, grandiose present: the relationship between vulnerable and grandiose narcissism, time perspective and personality [J]. Personality and individual differences, 2016, 98: 102-106.

[220] ZEIGLER-HILL V. Discrepancies between implicit and explicit self-esteem: implications for narcissism and self-esteem instability [J]. Journal of personality, 2006, 74 (1): 119-144.

[221] ZEIGLER-HILL V, BESSER A. A glimpse behind the mask: facets of narcissism and feelings of self-worth [J]. Journal of personality assessment, 2013, 95 (3): 249-260.

[222] ZELAZO P D, CARLSON S M. Hot and cool executive function in childhood and adolescence: development and plasticity [J]. Child development perspectives, 2012, 6 (4): 354-360.

[223] ZUCKERMAN M, LI C, HALL J A. When men and women differ in self-esteem and when they don't: a meta-analysis [J]. Journal of research in personality, 2016: 34-51, 64.

附 录

附录1 测量工具部分题例

一、儿童自恋量表

1. 我喜欢和别人不一样。(　　)
   A. 完全不符合　B. 有点不符合　C. 比较符合　　D. 完全符合
2. 像我这样的孩子应该有特殊待遇。(　　)
   A. 完全不符合　B. 有点不符合　C. 比较符合　　D. 完全符合
3. 班级如果少了我会失去很多乐趣。(　　)
   A. 完全不符合　B. 有点不符合　C. 比较符合　　D. 完全符合
4. 我觉得其他同学会抢我的风头。(　　)
   A. 完全不符合　B. 有点不符合　C. 比较符合　　D. 完全符合
5. 我喜欢展示所有我会做的事情。(　　)
   A. 完全不符合　B. 有点不符合　C. 比较符合　　D. 完全符合

二、状态自尊测量

1. 我对自己感到满意。(　　)
   A. 完全不符合　B. 有点不符合　C. 比较符合　　D. 完全符合
2. 我感到心情不好。(　　)
   A. 完全不符合　B. 有点不符合　C. 比较符合　　D. 完全符合
3. 我对自己感到骄傲。(　　)
   A. 完全不符合　B. 有点不符合　C. 比较符合　　D. 完全符合

三、攻击行为测量（同伴提名）

请根据下面的描述，从班里选出最符合这些描述的三位同学，将他们的名字写在横线上。(注意：不同的题目中可以重复他人的名字，不可以填写自己的名字)

1. 在我们班，哪些人受到嘲笑或威胁时，容易愤怒并打人：
   _____、_____、_____。

2. 在我们班,哪些人经常威胁或欺负其他同学:
_____、_____、_____。

3. 在我们班,当别人不小心碰到他,他会认为别人是故意的,因此会大发脾气,与同学打架:_____、_____、_____。

四、攻击行为测量(教师评价)

请根据每个学生的行为进行评分,然后在下面的花名册中填入其相应行为频率。

1 = 从不	2 = 有时	3 = 经常	从不	有时	经常
1. 当被取笑很容易激怒,他(她)容易愤怒并打人			1	2	3
2. 经常威胁或欺负别的同学			1	2	3
3. 当同学不小心碰到他,会认为同伴是故意的,会愤怒、与同学打架			1	2	3

五、操纵检验

非常不符合──→非常符合

1. 对我来说,现在做的这个测验对我很重要。　　1　2　3　4　5
2. 在实验过程中,你觉得对手对你的评价让你觉得难堪吗?
　　　　　　　　　　　　　　　　　　　　1　2　3　4　5
3. 在实验过程中,你觉得对手对你的评价让你觉得有威胁吗?
　　　　　　　　　　　　　　　　　　　　1　2　3　4　5

附录2 攻击行为测量竞争反应式范式图例

附　录

附录3　内隐自尊测量范式图例

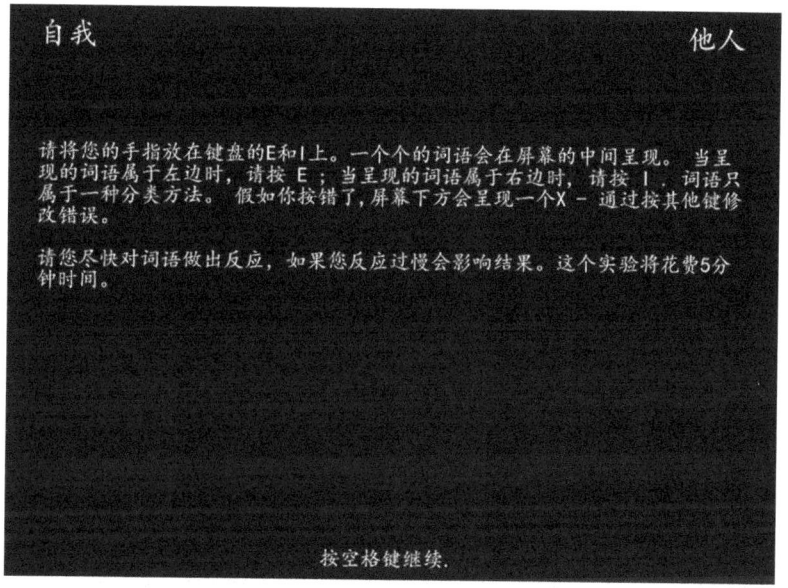

好的		坏的
	失败	

自我 或 好的		他人 或 坏的
	悲惨	

附录

附录4 实验中所用部分编程代码

一、R

```
R > library ("lordif")
R > data ("Narcissism")
R > Age < - Narcissism $ age
R > Resp < - Narcissism [paste ("R", 1: 29, sep = "")]
R > ageDIF < - lordif (Resp, Age, criterion = "Chisqr", alpha = 0.01,
+ minCell
    = 5)
R > print (ageDIF)
R > summary (ageDIF)
R > plot (ageDIF, labels = c ("grade2", "grade3", "grade4"))
```

二、Inquisit

```
<expressions>
/ m1a = values. sum1a / values. n1a
/ m2a = values. sum2a / values. n2a
/ m1b = values. sum1b / values. n1b
/ m2b = values. sum2b / values. n2b
/ sd1a = sqrt ( (values. ss1a - (values. n1a * (expressions. m1a * expressions. m1a))) / (values. n1a - 1))
/ sd2a = sqrt ( (values. ss2a - (values. n2a * (expressions. m2a * expressions. m2a))) / (values. n2a - 1))
/ sd1b = sqrt ( (values. ss1b - (values. n1b * (expressions. m1b * expressions. m1b))) / (values. n1b - 1))
/ sd2b = sqrt ( (values. ss2b - (values. n2b * (expressions. m2b * expressions. m2b))) / (values. n2b - 1))
/ sda = sqrt ( ( ( (values. n1a - 1) * (expressions. sd1a * expressions. sd1a) + (values. n2a - 1) * (expressions. sd2a * expressions. sd2a)) + ((values. n1a + values. n2a) * ((expressions. m1a - expressions. m2a) * (expressions. m1a - expressions. m2a)) / 4)) / (values. n1a + values. n2a - 1))
```

/ sdb = sqrt ((((values. n1b – 1) * (expressions. sd1b * expressions. sd1b) + (values. n2b – 1) * (expressions. sd2b * expressions. sd2b)) + ((values. n1b + values. n2b) * ((expressions. m1b – expressions. m2b) * (expressions. m1b – expressions. m2b)) / 4)) / (values. n1b + values. n2b – 1))

/ da = (m2a – m1a) / expressions. sda

/ db = (m2b – m1b) / expressions. sdb

/ d = (expressions. da + expressions. db) / 2

/ preferred = " unknown"

/ notpreferred = " unknown"

/ percentcorrect = (values. n_ correct/ (values. n1a + values. n1b + values. n2a + values. n2b)) * 100

</expressions>

<expressions>

/ m1a = values. sum1a / values. n1a

/ m2a = values. sum2a / values. n2a

/ m1b = values. sum1b / values. n1b

/ m2b = values. sum2b / values. n2b

/ sd1a = sqrt ((values. ss1a – (values. n1a * (expressions. m1a * expressions. m1a))) / (values. n1a – 1))

/ sd2a = sqrt ((values. ss2a – (values. n2a * (expressions. m2a * expressions. m2a))) / (values. n2a – 1))

/ sd1b = sqrt ((values. ss1b – (values. n1b * (expressions. m1b * expressions. m1b))) / (values. n1b – 1))

/ sd2b = sqrt ((values. ss2b – (values. n2b * (expressions. m2b * expressions. m2b))) / (values. n2b – 1))

/ sda = sqrt ((((values. n1a – 1) * (expressions. sd1a * expressions. sd1a) + (values. n2a – 1) * (expressions. sd2a * expressions. sd2a)) + ((values. n1a + values. n2a) * ((expressions. m1a – expressions. m2a) * (expressions. m1a – expressions. m2a)) / 4)) / (values. n1a + values. n2a – 1))

/ sdb = sqrt ((((values. n1b – 1) * (expressions. sd1b * expressions. sd1b) + (values. n2b – 1) * (expressions. sd2b * expressions. sd2b)) + ((values. n1b + values. n2b) * ((expressions. m1b – expressions. m2b)

* (expressions. m1b - expressions. m2b)) / 4)) / (values. n1b + values. n2b - 1))

/ da = (m2a - m1a) / expressions. sda

/ db = (m2b - m1b) / expressions. sdb

/ d = (expressions. da + expressions. db) / 2

/ preferred = " unknown"

/ notpreferred = " unknown"

/ percentcorrect = (values. n_ correct/ (values. n1a + values. n1b + values. n2a + values. n2b)) * 100

</ expressions >

三、SPSS

manova b1 b2 by a (1, 2)

/wsfactors = b (2)

/wsdesign

/design

/wsdesign = b

/design = mwithin a (1) mwithin a (2).

/design = a

/wsdesign = mwithin b (1) mwithin b (2).